# DIÁLOGO E APRENDIZAGEM EM EDUCAÇÃO MATEMÁTICA

COLEÇÃO TENDÊNCIAS EM EDUCAÇÃO MATEMÁTICA

# DIÁLOGO E APRENDIZAGEM EM EDUCAÇÃO MATEMÁTICA

Helle Alrø
Ole Skovsmose

**Tradução**
Orlando de A. Figueiredo

3ª edição
1ª reimpressão

autêntica

Copyright © 2003 Springer, The Netherlands, being a part of Springer Science & Business Media.
All Rights Reserved

Título original: *Dialogue and Learning in Mathematics Education: Intention, Reflection, Critique*

Todos os direitos reservados pela Autêntica Editora Ltda. Nenhuma parte desta publicação poderá ser reproduzida, seja por meios mecânicos, eletrônicos, seja via cópia xerográfica, sem a autorização prévia da Editora.

COORDENADOR DA COLEÇÃO TENDÊNCIAS EM EDUCAÇÃO MATEMÁTICA
*Marcelo de Carvalho Borba*
*(Pós-Graduação em Educação Matemática/UNESP, Brasil)*
*gpimem@rc.unesp.br*

CONSELHO EDITORIAL
*Airton Carrião (COLTEC/UFMG, Brasil), Hélia Jacinto (Instituto de Educação/Universidade de Lisboa, Portugal), Jhony Alexander Villa-Ochoa (Faculdade de Educação/Universidade de Antioquia, Colômbia), Maria da Conceição Fonseca (Faculdade de Educação/UFMG, Brasil), Ricardo Scucuglia da Silva (Pós-Graduação em Educação Matemática/UNESP, Brasil)*

EDITORAS RESPONSÁVEIS
*Rejane Dias*
*Cecília Martins*

REVISÃO TÉCNICA
*Vera Lúcia de Simoni Castro*

REVISÃO
*Miriam Godoy Penteado*

CAPA
*Diogo Droschi*

DIAGRAMAÇÃO
*Camila Sthefane Guimarães*

**Dados Internacionais de Catalogação na Publicação (CIP)**
**(Câmara Brasileira do Livro, SP, Brasil)**

Alrø, Helle
  Diálogo e aprendizagem em Educação Matemática / Helle Alrø, Ole Skovsmose ; tradução Orlando de A. Figueiredo. -- 3. ed.; 1. reimp. -- Belo Horizonte : Autêntica, 2023. -- (Coleção Tendências em Educação Matemática).

  Título original: Dialogue and Learning in Mathematics Education: intention, reflection, critique

  Bibliografia.
  ISBN 978-85-513-0746-5

  1. Aprendizagem 2. Comunicação na educação 3. Educação Matemática 4. Freire, Paulo, 1921-1997 5. Matemática - Estudo e ensino I. Skovsmose, Ole. II. Borba, Marcelo de Carvalho. III. Título IV. Série.

19-31552                        CDD-510.7

Índices para catálogo sistemático:
1. Matemática : Estudo e ensino 510.7
Maria Alice Ferreira - Bibliotecária - CRB-8/7964

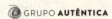

**Belo Horizonte**
Rua Carlos Turner, 420
Silveira . 31140-520
Belo Horizonte . MG
Tel.: (55 31) 3465 4500

**São Paulo**
Av. Paulista, 2.073 . Conjunto Nacional
Horsa I . Sala 309 . Bela Vista
01311-940 . São Paulo . SP
Tel.: (55 11) 3034 4468

www.grupoautentica.com.br
SAC: atendimentoleitor@grupoautentica.com.br

# Nota do coordenador

A produção em Educação Matemática cresceu consideravelmente nas últimas duas décadas. Foram teses, dissertações, artigos e livros publicados. Esta coleção surgiu em 2001 com a proposta de apresentar, em cada livro, uma síntese de partes desse imenso trabalho feito por pesquisadores e professores. Ao apresentar uma tendência, pensa-se em um conjunto de reflexões sobre um dado problema. Tendência não é moda, e sim resposta a um dado problema. Esta coleção está em constante desenvolvimento, da mesma forma que a sociedade em geral, e a, escola em particular, também está. São dezenas de títulos voltados para o estudante de graduação, especialização, mestrado e doutorado acadêmico e profissional, que podem ser encontrados em diversas bibliotecas.

A coleção Tendências em Educação Matemática é voltada para futuros professores e para profissionais da área que buscam, de diversas formas, refletir sobre essa modalidade denominada Educação Matemática, a qual está embasada no princípio de que todos podem produzir Matemática nas suas diferentes expressões. A coleção busca também apresentar tópicos em Matemática que tiveram desenvolvimentos substanciais nas últimas décadas e que podem se transformar em novas tendências curriculares dos ensinos fundamental, médio e superior. Esta coleção é escrita por pesquisadores em Educação Matemática e em outras áreas da Matemática, com larga experiência docente, que pretendem estreitar as interações entre a Universidade – que produz pesquisa – e os diversos cenários em que se realiza essa educação. Em alguns livros, professores da educação básica se tornaram também autores. Cada livro indica uma extensa bibliografia na qual o leitor poderá buscar um aprofundamento em certas tendências em Educação Matemática.

Neste livro, os educadores matemáticos dinamarqueses Helle Alrø e Ole Skovsmose relacionam a qualidade do diálogo em sala de aula com a aprendizagem. Apoiados em ideias de Paulo Freire, Carl Rogers e da Educação Matemática crítica, os autores trazem exemplos de sala de aula para fundamentar os modelos que propõem acerca das diferentes formas de comunicação em sala de aula. Este livro é mais um passo na direção da internacionalização desta coleção, figurando como o terceiro título da coleção em que autores estrangeiros de destaque se juntam a autores nacionais que têm debatido as diversas tendências, para, juntos, discutir as tendências em Educação Matemática. No caso deste volume, o coautor deste livro já participa ativamente da comunidade brasileira, ministrando disciplinas, participando de conferências e interagindo com estudantes e docentes do Programa de Pós-Graduação em Educação Matemática da Unesp (Rio Claro-SP).

*Marcelo de Carvalho Borba**

---

\* Marcelo de Carvalho Borba é licenciado em Matemática pela UFRJ, mestre em Educação Matemática pela Unesp (Rio Claro, SP) doutor, nessa mesma área pela Cornell University (Estados Unidos) e livre-docente pela Unesp. Atualmente, é professor do Programa de Pós-Graduação em Educação Matemática da Unesp (PPGEM), coordenador do Grupo de Pesquisa em Informática, Outras Mídias e Educação Matemática (GPIMEM) e desenvolve pesquisas em Educação Matemática, metodologia de pesquisa qualitativa e tecnologias de informação e comunicação. Já ministrou palestras em 15 países, tendo publicado diversos artigos e participado da comissão editorial de vários periódicos no Brasil e no exterior. É editor associado do ZDM (Berlim, Alemanha) e pesquisador 1A do CNPq, além de coordenador da Área de Ensino da CAPES (2018-2022).

# Agradecimentos

*Diálogo e Aprendizagem em Educação Matemática* é uma versão ligeiramente revisada dos quatro primeiros capítulos de *Dialogue and Learning in Mathematics Education Intention, Reflection, Critique*, que foi publicado em 2002 pela Kluwer (atual Springer). Estamos muito satisfeitos com a cooperação entre as editoras Springer Verlag e Autêntica, que tornou possível essa edição.

Gostaríamos de agradecer aos estudantes e aos professores anônimos, cujas falas aparecem neste texto, por terem nos permitido estudar detalhes de sua vivência em sala de aula. Somos gratos aos professores Bjarne Würtz Andersen, Ane Marie Krogshede Nielsen e Ib Trankjær, que nos cederam material para o Capítulo I. Temos uma gratidão especial para com Henning Bødtkjer e Mikael Skånstrøm, com quem mantivemos uma cooperação muito próxima durante todo o trabalho.

Muitas pessoas fizeram comentários e sugestões sobre o texto original em inglês. Queremos agradecer a Alan Bishop, Marcelo Borba, Paul Cobb, Marit Johnsen-Høines, Marianne Kristiansen, John Mason e Miriam Godoy Penteado pela leitura cuidadosa, pelos diálogos instigantes e pelos comentários proveitosos sobre versões anteriores do texto. Somos gratos também a H.C. Hansen, Aage Nielsen e Paola Valero pelos comentários a respeito de tópicos especiais. Além disso, gostaríamos de agradecer a vários alunos de pós-graduação da Unesp de Rio Claro: Chateaubriand Nunes Amancio, Jussara de Loiola Araújo, Jonei Cerqueira Barbosa, Telma Souza Gracias, Frederico José Lopes por importantes comentários em diversos capítulos.

Tivemos a oportunidade de discutir várias versões do texto original no contexto de um grupo de pesquisadores do *Centre for Research in Learning Mathematics*. Nossos agradecimentos a Morten Blomhøj, Iben Maj Christiansen, Elin Emborg, Lena Lindenskov e Tine Wedege pelos comentários valiosos e pelo apoio. Adicionalmente, queremos agradecer a Nikolaj Hyldig, Marianne Harder Mandøe e Dana Sandstrøm Poulsen pela realização das transcrições, e a Erik Nød Sørensen pelo auxílio em informática e pela confecção das figuras.

Queremos agradecer a Orlando Figueiredo pela criteriosa tradução do texto para o português, e a Miriam Godoy Penteado que fez a revisão.

Aalborg, maio de 2006.
Helle Alrø e Ole Skovsmose

# Sumário

Introdução ....................................................................... 11

## Capítulo I
Comunicação na sala de aula de Matemática ................................ 21
Absolutismo burocrático ..................................................... 22
Perspectiva ....................................................................... 28
"Quanto se consegue preencher com jornal?" ........................ 30
Aprendizagem como ação .................................................... 43

## Capítulo II
Cooperação investigativa ..................................................... 49
De exercícios a cenários para investigação .......................... 51
"O que parece a bandeira da Dinamarca?" ............................ 57
Modelo de cooperação investigativa .................................... 65
Obstáculos à cooperação investigativa
(deixando um cenário para investigação) ............................. 69

## Capítulo III
Desdobramento do modelo de cooperação investigativa ............. 73
"Raquetes & Cia." ............................................................. 73
O Modelo-CI reconsiderado ................................................ 99

## Capítulo IV
Diálogo e aprendizagem ..................................................... 113
Qualidades de diálogo ....................................................... 114
Atos dialógicos – o Modelo-CI reconsiderado ...................... 126
Ensino e aprendizagem dialógicos e sua fragilidade .............. 130
Ensino e aprendizagem dialógicos e sua importância ............ 132

Referências ...................................................................... 137

# Introdução

"Hoje foi pra valer! Hoje aprendemos alguma coisa!", exclamou Maria, depois de ter passado, juntamente com André, quase duas horas concentrada na preparação de uma planilha. Algo significativo parece ter acontecido a Maria, algo que merece ser considerado quando se pretende teorizar sobre a aprendizagem de Matemática. Neste estudo, vamos nos encontrar com Maria e André e muitos outros estudantes nas aulas de Matemática. O propósito principal desse encontro é obter dados empíricos, a fim de chegar a um melhor entendimento do papel da comunicação na aprendizagem de Matemática.

A ideia inicial que orienta nossas investigações pode ser sintetizada na seguinte hipótese: *As qualidades da comunicação na sala de aula influenciam as qualidades da aprendizagem de Matemática.* Essa afirmação é certamente muito geral e não muito original. Para entender o seu sentido, as expressões "qualidades de comunicação" e "qualidades da aprendizagem de Matemática" precisam ser bem esclarecidas. Nesta introdução, bem como durante o restante do livro, vamos insistir na tarefa de esclarecer em que sentido comunicação e aprendizagem podem estar conectadas.

Nos mais diversos contextos sociais, dentro e fora da escola, a questão da comunicação tem merecido atenção especial. Ela é tema de *workshops* e cursos organizados por empresas que querem tornar-se mais competitivas. Espera-se que a melhoria da comunicação não influencie apenas o ambiente de trabalho, mas que também tenha impacto positivo sobre o desempenho financeiro da empresa.

As qualidades de comunicação podem ser expressas em termos de relações interpessoais. Muito mais do que uma simples transferência de informação de uma parte a outra, o ato de comunicação em si mesmo tem papel de destaque no processo de aprendizagem. A comunicação tem um sentido mais profundo do que se percebe à primeira vista. Em *Freedom to learn*,[1] publicado primeiramente em 1969, Rogers (1994) considera as relações interpessoais como fator crucial para a facilitação da aprendizagem. Aprender é uma experiência pessoal, mas ela ocorre em contextos sociais repletos de relações interpessoais. E, por conseguinte, a aprendizagem depende da qualidade do contato nas relações interpessoais que se manifesta durante a comunicação entre os participantes. Em outras palavras, o contexto em que se dá a comunicação afeta a aprendizagem dos envolvidos no processo.

Isso nos remete à noção de que algumas "qualidades de comunicação" podem ser explicadas em termos de *diálogo*. A palavra "diálogo" tem muitos significados usuais, mas há algo em comum entre todos eles, que é o envolvimento de duas partes no processo. Por exemplo, pode-se falar sobre o diálogo entre Oriente e Ocidente ou sobre o diálogo turbulento entre Palestina e Israel. Não é esse o sentido de "diálogo" que nos interessa. Em Filosofia, a noção de diálogo está presente em muitos momentos. Platão apresentou suas ideias na forma de diálogos; e Lakatos (1976) apresentou sua investigação sobre a lógica da descoberta matemática na forma de um diálogo que acontecia numa sala de aula fictícia. Nessas circunstâncias, o termo "diálogo" refere-se a certo tipo de discurso analítico, ou apresentação de argumentos e questionamentos, ou ainda a um processo de obtenção do conhecimento. No momento em que adentramos o campo desse processo, o diálogo se torna tema de interesse da epistemologia. Contudo, embora nossa concepção de diálogo esteja alinhada com uma concepção epistemológica, ela difere do emprego filosófico tradicional do termo ao estar relacionada a diálogos "reais". Diálogo, para nós, é uma conversação com certas *qualidades*. Encontrar uma definição mais específica

---

[1] NT: Liberdade para aprender.

para a palavra "diálogo" é uma das tarefas que pretendemos realizar como parte deste estudo.

Falando em qualidades de conversação, queremos esclarecer dois sentidos que temos em vista para a palavra *qualidade*. Por um lado, qualidade pode se referir a propriedades de certa entidade. Assim, podemos falar (em termos quase aristotélicos) sobre a qualidade de uma taça que é diferente da qualidade de um copo. Nesse sentido, qualidade refere-se a aspectos descritivos de uma entidade. Contudo, qualidade pode possuir também um elemento normativo. Assim, podemos dizer que um copo é de melhor qualidade do que outro copo. Distinguir entre os sentidos descritivo e normativo de qualidade não é fácil. Por exemplo, podemos preferir a qualidade de um copo à qualidade de uma taça para beber vinho. Similarmente, podemos preferir um diálogo quando pensamos em certas formas de aprendizagem, tendo em mente que diálogo refere-se a certas propriedades de uma interação.

Freire (1972) destaca a importância das relações interpessoais para o diálogo. Segundo ele, um diálogo não é uma conversação como outra qualquer. Dialogar é um elemento fundamental para a liberdade de aprender. A noção de diálogo é inerente a conceitos como *"empowerment"*[2] e "emancipação", e, a partir dessa perspectiva, Freire traça uma conexão entre a qualidade das relações interpessoais e o potencial de engajamento das pessoas em ações políticas. Ele define o diálogo como o encontro entre pessoas, a fim de "dar nome ao mundo", o que significa conversar sobre os acontecimentos e a possibilidade de alterar o seu curso. Nesse sentido, dialogar é visto como algo existencial. Dialogar não pode existir sem amor (respeito) pelo mundo e pelas pessoas, e ele não pode existir em relações de dominação (FREIRE, 1972, p. 77). Além disso, participar de um diálogo pressupõe certo tipo de humildade. Não se pode manter uma relação de diálogo numa atitude de autossuficiência. Os participantes devem acreditar uns nos outros e estar abertos para os outros, a

---

[2] NT: Manteremos a palavra *empowerment* no original e em itálico em virtude da dificuldade de encontrar uma palavra em português que corresponda ao seu significado. *Empowerment* significa dar poder a; dinamizar a potencialidade do sujeito, investir-se de poder para agir.

fim de criar uma relação equânime e de fidelidade. Uma vez que o diálogo é motivado por uma expectativa de mudança, ele não pode existir sem o engajamento das partes com respeito ao pensamento crítico (Freire, 1972, p. 80). Para esse autor, a cooperação das partes é um parâmetro central da comunicação dialógica. Ao cooperarem, eles lançam luzes sobre o mundo que os cerca e sobre os problemas que os unem e os desafiam. Freire aponta para a importância da associação entre ação e reflexão (Freire, 1972, p. 75). Mão e cabeça têm que andar juntas. Agir sem refletir resume-se a puro ativismo, e reflexão sem ação resume-se a verbalismo. Contudo, num diálogo, reflexão e ação podem enriquecer uma à outra. Para Freire, o diálogo na escola deve colocar o universo das pessoas em pauta e fazer dele seu universo temático; dessa forma pode-se ter uma educação que leva à emancipação. Para o autor, dialogar é indiscutivelmente uma forma de interação que é rica em nuances e qualidades.

Na Filosofia clássica, o diálogo refere-se, antes de tudo, a uma exposição (e confrontação) de dois ou mais pontos de vistas diferentes (e contraditórios), com o objetivo de encontrar uma conclusão que seja consensual. Freire e Rogers, contudo, também viram o diálogo como algo que abrange as relações interpessoais, nas quais ouvir e aceitar o outro é fundamental. Dialogar não é apenas uma forma de análise, mas também um modo de interação. Nas explicações sobre a noção de diálogo que seguem, não perderemos de vista esses dois aspectos (epistemológico e interpessoal) do diálogo.

Há pontos em comum entre as concepções de Rogers e Freire, muito embora eles trabalhem valendo-se de perspectivas históricas diferentes. Rogers denomina a sua abordagem sobre a aprendizagem de "centrada em pessoas" em oposição ao "modo tradicional" e descreve as duas abordagens como extremidades opostas de um contínuo (Rogers, 1994, p. 209). Ele argumenta que o modo centrado em pessoas prepara o aluno para a democracia, ao passo que o modo tradicional orienta os alunos para a obediência a estruturas de poder e controle. No modo tradicional, ele argumenta, "o professor é o detentor do conhecimento e do poder" e "regras ditadas por uma autoridade são a política aceita para a sala de aula". Espera-se que os alunos sejam captadores do conhecimento, e as avaliações sejam usadas para medir o grau de retenção que eles conseguem atingir. Rogers ressalta que "a confiança é mínima" e "valores democráticos são ignorados e desprezados na prática". No modo centrado em pessoas, argumenta Rogers, o ambiente é de confiança mútua, e a responsabilidade pelos processos de aprendizagem é de todos. "O facilitador providencia recursos de aprendizagem", e "os alunos desenvolvem seus programas de aprendizagem por si mesmos e em cooperação com os demais alunos". O princípio fundamental é aprender a aprender, e autodisciplina e autoavaliação viabilizam um processo ininterrupto de aprendizagem. Esse clima que promove o crescimento não somente facilita os processos de aprendizagem, mas também estimula a responsabilidade dos alunos e outras competências para o exercício da cidadania e da democracia:

> Aos poucos eu percebi que é no seu aspecto político que a abordagem baseada em pessoas se torna mais ameaçadora. O professor ou administrador que pensa em usar uma abordagem como essa tem que superar as angústias geradas por compartilhar do poder e do controle totais. Quem pode saber se alunos ou professores são de confiança; e se os procedimentos são de confiança? Há riscos inerentes que se precisa correr e é isso que assusta (ROGERS, 1994, p. 214).

Freire compara sua abordagem dialógica com a "educação bancária", na qual o professor faz um investimento, e os alunos são vistos como caixas, que devem preservar o patrimônio que foi aplicado. Tanto para Rogers como para Freire, o diálogo representa certas formas de interação fundamentais para os processos de aprendizagem, que, nos termos de Freire, podem garantir o *empowerment*, e que, nos termos de Rogers, podem garantir a aprendizagem centrada em pessoas e a atitude responsável por parte dos alunos. Nesse sentido, eles concluem que as qualidades da comunicação podem se desdobrar em qualidades de aprendizagem, referindo-se tanto a elementos descritivos quanto normativos. Nós também temos em mente tanto os elementos descritivos quanto os normativos quando falamos em qualidades de comunicação e qualidades de aprendizagem. Queremos pontuar certos aspectos da comunicação que podem apoiar certos aspectos da aprendizagem e, ao mesmo tempo, enfatizar a importância destes aspectos.

Muitos estudos sobre comunicação debruçam-se sobre aulas de Matemática tradicionais. Entendemos por tradicional o ambiente escolar em que os livros-texto ocupam papel central, onde o professor atua trazendo novos conteúdos, onde aos alunos cabe resolver exercícios e onde o ato de corrigir e encontrar erros caracteriza a estrutura geral da aula. Tivemos a oportunidade de observar aulas tradicionais nas quais há uma atmosfera amigável entre alunos e professores. Portanto, quando nos referimos a aulas tradicionais de Matemática, não queremos nos restringir aos aspectos negativos e estereotipados desse tipo de aula, no qual um professor sisudo tiraniza os alunos. Mesmo assim, é possível identificar, nas aulas tradicionais, padrões de comunicação característicos que têm certas qualidades (mas que nem de longe se aproximam daquilo que entendemos como diálogo).

A comunicação depende do contexto; assim como outros pesquisadores, consideramos que as aulas tradicionais de matemática influenciam a comunicação entre alunos e professores de um jeito próprio. No primeiro capítulo deste estudo, reunimos algumas de nossas observações e análises sobre esse fenômeno, enquanto nos capítulos II e III nossas investigações mudam o foco para outro tipo de ambiente. Estamos interessados em situações em que os alunos envolvem-se em processos de investigação mais complexos e imprevisíveis. Isso abre um novo espaço para a comunicação, no qual novas qualidades podem surgir.

Em muitas escolas, mudanças radicais têm acontecido nas aulas de Matemática. A metodologia tradicional tem sido ameaçada por abordagens temáticas e por trabalhos com projetos. E a tal ponto que já não se consegue tão facilmente distinguir uma aula de Matemática de uma aula de outra disciplina.

No Capítulo III, descrevemos um projeto do qual pudemos participar do planejamento juntamente com o professor. A etapa posterior, que é a aplicação do planejamento em sala de aula, foi realizada somente pelo professor. Dividimos o trabalho dessa maneira pelo simples motivo de que o professor tinha muito mais experiência em sala de aula do que nós. Discutimos as interpretações das observações

Introdução

juntamente com o professor e decidimos acatar suas sugestões para possíveis interpretações. Também entrevistamos os alunos a respeito de suas vivências e interpretações. Nossa preocupação é interpretar o que se passa em sala de aula assim como identificar novas possibilidades para a Educação Matemática. Em outras palavras, estamos interessados em esclarecer "o que acontece", a fim de descobrir "o que poderia acontecer" e, dessa forma, esclarecer que possibilidades poderiam ser essas.[3]

Ao explorar tais possibilidades, queremos considerar a complexidade das interações em sala de aula. Por essa razão, preferimos documentar os episódios que foram objeto de estudo em longas transcrições.

Incluímos uma variedade de passagens que chamaram nossa atenção, seja na fala do professor, seja na fala dos alunos. Contudo, não nos detivemos em escolas marcadas por conflitos culturais como fez, por exemplo, Renuka Vithal (2003) no seu estudo sobre a pedagogia do diálogo e do conflito ou Jill Adler (2001a, 2001b) em seu estudo sobre turmas multilíngues. Tampouco estudamos a aprendizagem em escolas carentes de recursos. Assim, em nossos exemplos, os alunos têm fácil acesso a computadores. Similarmente, não estudamos a aprendizagem em situações nas quais há um clima de ameaça política no entorno da escola, como no caso das crianças palestinas. O ambiente escolar a que nos referimos é confortável. Isso não quer dizer que o arcabouço conceitual que apresentamos não possa ser relevante em outras situações, incluindo aquelas que não se enquadram na Educação Matemática. Estamos em busca de novas possibilidades pedagógicas, reconhecendo a complexidade das salas de aula reais, e dos padrões de comunicação que se manifestam nessa complexidade. Nossos dados não foram "higienizados".[4]

A abordagem pedagógica de Freire ilustra a ideia de que há uma conexão entre as qualidades de comunicação e as qualidades

---

[3] Uma discussão mais cuidadosa sobre o que pode significar pesquisar possibilidades e não simplesmente fornecer explanações sobre o que está acontecendo pode ser encontrada em Skovsmose e Borba (2004) e Vithal (2003).

[4] O conceito de "dados higienizados" (*sanitised data*) é discutido em Vithal (1998a) e Valero e Vithal (1999).

de aprendizagem. Freire quis desenvolver certas qualidades de aprendizagem. Os alunos não deveriam somente aprender a ler e a escrever, mas a interpretar criticamente a situação social e política.

Isso nos remete à ideia de *Educação Matemática crítica*. Trata-se de uma abordagem em que se valorizam certas qualidades de aprendizagem de Matemática.

Atividades desenvolvidas no âmbito da Educação Matemática crítica abrangem vasta gama de possibilidades e não se resumem a uma única abordagem homogênea. Isso não quer dizer, contudo, que não se possa identificar algumas ideias gerais que caracterizam a Educação Matemática crítica, uma das quais vem a ser a noção de que fazer Educação Matemática é mais do que dar aos alunos um entendimento da arquitetura lógica da Matemática. A Educação Matemática crítica preocupa-se com a maneira como a Matemática em geral influencia nosso ambiente cultural, tecnológico e político e com as finalidades para as quais a competência matemática deve servir. Por essa razão, ela não visa somente a identificar como os alunos, de forma mais eficiente, vêm a saber e a entender os conceitos de, digamos, fração, função e crescimento exponencial. A Educação Matemática crítica está também preocupada com questões como "de que forma a aprendizagem de Matemática pode apoiar o desenvolvimento da cidadania" e "como o indivíduo pode ser *empowered* através da Matemática".

Para que uma sociedade seja uma democracia plena é importante que todos saibam ler e escrever. Como Freire mostrou, literacia pode significar muito mais do que a simples competência para ler e escrever. Literacia pode se referir também à competência para interpretar uma situação como algo que pode ser alterado ou à identificação de mecanismos de repressão. Sendo parte integrante do arcabouço da Educação Matemática crítica, a noção de *matemacia* tem um papel que corresponde à noção de literacia na formulação de Freire.[5] Assim, as qualidades de aprendizagem de Matemática que particularmente nos interessam são representadas pela matemacia. A matemacia é

---

[5] Veja Skovsmose (1994, 2005). O termo *matemacia* é usado aqui com o mesmo significado do termo *materacia* usado por D'Ambrósio em vários de seus trabalhos sobre etnomatemática.

de grande relevância para a democracia e para o desenvolvimento da cidadania da mesma forma que a literacia.

Podemos agora reformular a ideia que orienta nossos estudos: *Certas qualidades de comunicação, que tentamos expressar em termos de diálogo, favorecem certas qualidades de aprendizagem de Matemática, a que nós nos referiremos como aprendizagem crítica da matemática manifestada na competência da materacia.* Esperamos encontrar sinais de algum tipo de pensamento crítico nas relações marcadas pelo diálogo. (Nós não postulamos que o diálogo seja a única fonte de aprendizagem crítica, mas queremos explorar a natureza desse instrumento em particular.) Através da investigação de relações baseadas em diálogo, pretendemos localizar elementos de uma aprendizagem de Matemática crítica.

Capítulo I

# Comunicação na sala
# de aula de Matemática

O propósito de se ensinar Matemática é apontar erros e corrigi-los. Esse parece ser o entendimento comum sobre o que é Educação Matemática para muitos alunos. Chegamos a presenciar crianças na pré-escola manifestarem esse mesmo ponto de vista em pecinhas teatrais sobre o ensino de Matemática. Uma criança desempenhava o papel de professor, e as demais eram "alunos". Um "aluno" que deveria resolver um exercício no quadro escreveu uma fileira cheia de símbolos aparentemente sérios. Em seguida, o "professor" apagou alguns símbolos e escreveu outros no lugar, apontando os erros do "aluno". Assim, antes mesmo de ter experimentado aulas de matemática por si próprias, as crianças já demonstram uma compreensão de que errar e corrigir são parte integrante da Educação Matemática.

Uma razão pela qual a noção de "erro" parece ser tão importante na Educação Matemática pode estar relacionada à busca pela "verdade" na Matemática. Uma tarefa central da filosofia da Matemática tem sido apresentar uma explicação adequada para o que venha a ser "verdade". Em epistemologia, o termo "absolutismo" está associado à noção de que o indivíduo tem a possibilidade de conceber a verdade absoluta. Isso tem relação com o ideal euclideano. O "relativismo", por outro lado, sustenta que a verdade é sempre definida por alguém em certo contexto em certa época. Assim, a verdade não poderia ser compreendida em termos absolutos. No contexto matemático, o relativismo tem sido promovido tanto pelo construtivismo radical quanto pelo social.

## Absolutismo burocrático

Assim como a "verdade" é um termo-chave na filosofia da Matemática, os "erros" são uma chave para se entender a filosofia que tacitamente prevalece no ensino de Matemática. A filosofia da Matemática de sala de aula revela-se através dessa brecha que é a correção de erros.

O absolutismo filosófico sustenta que algumas verdades absolutas podem ser obtidas pelo indivíduo. O absolutismo da sala de aula vem à tona quando os erros (dos alunos) são tratados como absolutos: "Isso está errado!", "Corrija essas contas!". Dessa forma, o absolutismo de sala de aula parece querer sustentar que os erros são absolutos e podem ser eliminados pelo professor. Não queremos dizer, contudo, que seja proibido apontar os erros em sala de aula. Não queremos pregar o relativismo absoluto. Mas temos a impressão de que o absolutismo na filosofia da Matemática foi transferido automaticamente para o absolutismo pedagógico, que fundamenta certas maneiras de interação em sala da aula.

Podemos distinguir vários tipos de erro encontrados na Educação Matemática. No que se segue, usaremos o termo "erro" no sentido mais amplo possível para incluir tanto os erros "de verdade" quanto outros tipos de engano e também formas alternativas de conceituação. Um erro pode se referir ao resultado de um algoritmo ("A conta não está certa!"); ao algoritmo empregado ("Você não tem que somar, e sim subtrair!"); à sequência com que as ações foram feitas ("Para desenhar o gráfico, calcule primeiro alguns pontos da função!"); à interpretação do texto ("Não, quando o exercício é escrito desse jeito, você tem que primeiro encontrar o valor de $x$!"); à programação dos alunos ("Não, não, esses exercícios são para amanhã!").

Embora esses erros sejam diferentes entre si, no momento da correção eles são reduzidos a uma única categoria absoluta: a de erro. E só há uma única coisa a fazer: corrigi-los. O fenômeno caracterizado pelo tratamento uniforme de todos os tipos de erro ocorridos em sala de aula como se fossem erros de verdade nós denominamos absolutismo de sala de aula.

Em nossas observações das aulas de Matemática tradicionais, encontramos muitos exemplos explícitos de correção de erros. Vamos tentar ilustrar a natureza desses erros através de uns poucos exemplos tirados de declarações de professores:

(1) Professor: Isso está errado, faça de novo.

(2) Professor: Tem um errinho nas duas.

Em (1) o professor rejeita o resultado e diz ao aluno para que tente mais uma vez. O exemplo (2) difere na forma, mas é também uma correção direta. A correção é modificada pelo diminutivo "inho", que indica que o aluno deve estar no caminho certo ou que o professor quer incentivar o aluno a continuar sem se preocupar demais com o erro. Em nenhum desses casos, contudo, o professor discute de que forma o aluno errou; ele apenas aponta o erro. Tampouco há qualquer indício de orientação sobre o que o aluno deveria fazer.

Correções implícitas podem assumir diferentes formas, por exemplo:

(3) Professor: Apague esses números...
            eles não vão servir pra nada.

O professor não diz claramente que o aluno cometeu um erro, mas como só se apaga algo que está errado ou incompleto, o aluno pode facilmente depreender que se trata de uma correção de um erro. Mas o professor não faz qualquer menção ainda sobre o tipo de erro que o aluno cometeu ou como ele poderia ser resolvido.

(4) Professor: Elen, o que foi isso, quanto é 3/4 mais 3/4?

Elen:         6/8. [4 seg.]

Professor:      Você não lembra, eu juntei isso aqui [peças de um jogo de frações] essa de 3/4 com essa de 3/4, que é igual a 6, e que ainda são...? [5 seg.]

Elen:         Humm... 3/4.

Nesse exemplo, a correção é feita implicitamente através de uma tentativa de questionamento que o professor usa para que Elen adivinhe a resposta.

Com respeito ao conteúdo das correções feitas, nossas observações mostraram que o professor privilegia o procedimento algorítmico ou o resultado da investigação dos alunos.

(5) Professor: Suas contas estariam certas se você as fizesse direito.

O professor diz ao aluno que ele está errado ("...estariam certas se...") e que o erro está no procedimento algorítmico: "se você as fizesse direito". O erro diz respeito a um algoritmo equivocado ou ao uso equivocado do algoritmo.

(6) Professor: Os dois últimos números estão errados, Jeanett, você tem que tentar corrigi-los.

Em (6), o erro apontado pelo professor obviamente diz respeito ao resultado do trabalho do aluno.

Correções evocam, explicita ou implicitamente, uma autoridade, que pode ser o professor, o livro-texto ou o livro de respostas.

(7) Professor: Pra mim é melhor que você desenhe uma linha em vez de fazer uma cruzinha em cima [para mostrar quais números ele já usou nas contas]

Fábio: Mas assim é mais fácil.

Professor: Não se trata de ser fácil ou não.

(8) Professor: A primeira condição para acertar as contas é copiar os números corretamente do enunciado.

(9) Professor: Se eles bolaram o exercício, são os mais indicados para dar a resposta certa, não?

Em (7), o professor impõe uma convenção para indicar números usados pelo aluno no exercício. O estudante faz do jeito que lhe convém e argumenta que o seu método lhe parece mais fácil, o que é indiretamente rejeitado pelo professor. Mas o professor não argumenta por que motivo fazer uma linha poderia ser melhor ou mais correto do que colocar uma cruz em cima dos números. O professor passa a exercer sua autoridade.

Em (8), a correção do professor indiretamente faz referência ao livro-texto: "Seguir as instruções", isto é, que o aluno seguisse exatamente o que foi prescrito no livro-texto. O argumento é naturalmente que é um erro não resolver o exercício exatamente como está no livro-texto. O livro-texto passa a representar a autoridade.

Em (9), o resultado do aluno é comparado com o livro de respostas, que apresenta um resultado diferente. O professor argumenta que o livro de respostas deve estar correto, porque os autores do exercício são os mais indicados para definir se um resultado está certo ou errado. Isso até pode fazer sentido, mas não vai ajudar o aluno a entender o problema e a maneira como ele foi resolvido.

As correções que mostramos nos exemplos acima ilustram como se dá o absolutismo em sala de aula. O professor, o livro-texto, o livro de respostas fazem parte de uma autoridade única, que esconde a natureza das razões das correções. Os alunos não são apresentados a uma argumentação, mas a uma autoridade aparentemente uniforme e consistente, muito embora os reais motivos para as correções possam ser bem outros. Alguns se apoiam em aspectos matemáticos, outros em questões práticas da organização do processo educacional etc. Em todo o caso, todos os erros são tratados como absolutos; eles são indicados pelos professores sem explicação ou argumentação sobre o que deveria ter sido feito de forma diferente e por quê. Além disso, a generalidade das correções permanece intocada e inquestionável. A causa disso é que as correções não são contextualizadas, mas formuladas em termos gerais, sem fazer referência ao processo de solução do problema.

Um aluno que se defronta com as autoridades da sala de aula deve ter uma experiência similar à de um cliente diante de um burocrata. Por exemplo, o burocrata pode ter diferentes razões para refutar uma solicitação: o cliente pode não fazer jus ao benefício; a solicitação pode ter sido feita fora do prazo, pode haver informação faltando; o pagamento não foi integral etc. As razões para refutar a solicitação podem ser as mais diversas. Mas, quando o cliente encara o burocrata, a recusa da solicitação acaba sendo apreendida da mesma maneira, qualquer que seja a justificativa burocrática: a solicitação foi indeferida. Boas ou más razões, razões morais, razões administrativas, razões lógicas ou outras razões todas aparecem da mesma forma, quer as coisas se encaixem nos esquemas da burocracia quer não.

Os alunos passam pelo mesmo fenômeno em certas aulas de Matemática. Por essa razão, nós qualificamos o absolutismo de sala de aula como um *absolutismo burocrático,* que estabelece em termos absolutos o que é certo e o que é errado sem explicitar os critérios que orientam tais decisões. Além disso, o absolutismo burocrático é marcado por uma dificuldade de entrar em contato com a autoridade "de verdade": "Nós não podemos fazer nada a respeito; isto está fora de nosso alcance. Sentimos muito por isso". As coisas são do jeito que são por causa das regras e das normas: a pessoa atrás da mesa não pode mudar as regras. Mesmo que o cliente esperneie, as coisas permanecem do mesmo jeito. Similarmente, o professor de matemática numa aula absolutista está impedido de mudar o fato de que os alunos têm que fazer certos tipos de exercício e que as fórmulas que eles têm que usar são aquelas escritas no alto da página. O absolutismo burocrático faz parte da vida de muitos estudantes de Matemática.

Chegamos à conclusão que, mesmo quando o professor mostra grande simpatia com alguma forma de ensino inovadora, acaba impedido de colocar essas ideias em prática, já que o ambiente escolar tornou-se engessado pelo absolutismo burocrático. Ele está embutido nas estruturas básicas de comunicação em sala de aula. Isso coloca os professores em uma situação paradoxal. Por um lado eles têm que educar os alunos a ser abertos e críticos, e por outro lado eles sentem-se impelidos a seguir um livro-texto que conduz os estudantes a estar aptos a enfrentar certo tipo de prova. Em muitas situações, os professores se sentem fortemente obrigados a preparar os alunos para testes e exames que são baseados no absolutismo burocrático.

Normalmente a comunicação em sala de aula é caracterizada por uma relação desigual entre professor e alunos. Como Michael Stubbs (1976, p. 99) coloca: "Qualquer coisa que o aluno diga é 'sanduichado' em alguma coisa que o professor diz."[1] O professor faz uma pergunta, o aluno responde, e o professor avalia a resposta:

---

[1] O aspecto de controle mostra-se na assim chamada estrutura I-R-F (Início Resposta *Feedback*) da comunicação em sala de aula (SINCLAIR; COULTHARD, 1975).

Professor: Quanto é 3/4 + 3/4?
Aluno: 1 1/2.
Professor: Muito bem.

Nem todo sanduíche é tão simples assim, mas de qualquer forma o aluno frequentemente responde com uma palavra, a fim de "rechear" o monólogo do professor.[2] O "sanduíche" é um padrão de comunicação que enfatiza a existência de uma autoridade na sala de aula e pode ser visto como uma manifestação do absolutismo de sala da aula.

O professor conhece as respostas para suas questões de antemão e espera que os alunos adivinhem o que ele tem em mente. Esse procedimento é repetido muitas vezes: uma resposta certa dá origem a novas questões formuladas pelo professor. A experiência dos alunos possivelmente se torna fragmentada, porque eles não conseguem formar uma imagem do propósito geral da atividade. Eles precisam fazer grande esforço, acompanhando o professor o tempo todo, para conseguir consolidar uma visão geral do que está acontecendo. Isso significa que os alunos concentram-se mais no processo de adivinhação do que no conteúdo matemático estudado.

Em nossas pesquisas, pudemos perceber como o repertório de respostas dos alunos ante esse modelo de comunicação é limitado. Eis alguns exemplos:

- respostas em forma de pergunta: "Dá 4?"
- descarte imediato das próprias respostas: "Dá 4? Não."
- alegações de desconhecimento de respostas: "Nunca ouvi falar nisso!"
- solicitações de ajuda: "Você poderia explicar de novo?"
- adivinhações: "4, não, 5, ah não, 8!"
- repetições de respostas: "O meu resultado é o mesmo do Pedro!"

---

[2] Ver o procedimento "cloze" de Pimm (1987, p. 52). Bauersfeld (1988, p. 36) analisa um certo tipo de diálogo, que ele denomina "padrão funil". O professor formula questões que apresentam um leque cada vez menor de respostas possíveis. O estudante não consegue adivinhar a intenção do professor e responde com respostas curtas ou simplesmente não responde. O desfecho provável é o professor dizendo a resposta. Essa forma de comunicação indica ao aluno que toda questão matemática tem uma resposta certa, que precisa ser enunciada.

- silêncio!
- distração com outras ocupações.

Em outras palavras, os alunos não assumem qualquer responsabilidade pelo processo de aprendizagem. Contudo, tivemos a oportunidade de observar um comportamento exatamente contrário a esse, no qual os alunos se concentraram na tarefa de seguir o professor. Voltaremos a ele mais tarde.

## Perspectiva

Nem sempre o absolutismo burocrático está presente nas aulas de matemática tradicionais, pelo que observamos. Existem outros padrões de comunicação. Mas, seja como for, a questão essencial sobre a qual queremos chamar a atenção é a impossibilidade de mudança na comunicação, mesmo quando o professor se sente impelido a isso por algum motivo pedagógico. Dar esse passo pressupõe que haja mudanças na situação educacional e mudanças de perspectiva. A ideia de perspectiva é chave para muitas outras ideias que vamos apresentar e, por isso, queremos esclarecer a noção que temos de "perspectiva".

Não se costumam declarar ou explicitar uma perspectiva. Ela é o pano de fundo do processo de comunicação. É raro alguém precisar mencioná-la abertamente. Na verdade, não está claro como fazer isso. Por onde começar? Uma perspectiva reside na dimensão tácita da comunicação, e é desta dimensão que as declarações ganham seu sentido. Uma perspectiva é uma fonte de significados. Sem uma perspectiva, nenhum ato de comunicação seria possível. A perspectiva determina aquilo que o participante escolhe ver, ouvir e entender numa conversação, e ela se manifesta através do uso da linguagem, naquilo sobre o que escolhemos falar e não falar, e na forma como entendemos uns aos outros.

O propósito de uma conversação pode ser explicar uma perspectiva, entender a perspectiva de outra pessoa e, talvez, chegar a um consenso sobre uma perspectiva, ou simplesmente reconhecer que há perspectivas distintas que as partes não abrem mão de defender. Por exemplo, os alunos e o professor podem compartilhar a perspectiva de que a tarefa educacional que lhes cabe é dominar algumas técnicas e serem aprovados em um exame. Ou professor e alunos podem ter perspectivas diferentes, por exemplo, quando os alunos se preocupam em encontrar o resultado de um exercício, sendo que a intenção do professor era que eles explicassem o algoritmo.

Uma perspectiva compartilhada pode se estabelecer e se tornar a mola-mestra da produção de significados de uma comunicação sem ser mencionada. O inverso também pode acontecer: mesmo que tudo seja posto às claras, se os participantes da comunicação não entendem ou não aceitam as perspectivas dos demais ou não compartilham uma perspectiva, então a comunicação não acontece. Nesse caso, as engrenagens da produção de significado trabalham em vão.[3]

Uma perspectiva costuma prevalecer sobre as demais. Apontar erros é uma forma de sustentar uma perspectiva que os alunos deveriam acolher para evitar novos erros. Exigir que os alunos corrijam os erros é uma forma usual de fazer prevalecer essa perspectiva. Corrigir erros molda perspectivas e, portanto, ajuda a fazer prevalecer a inquestionável perspectiva da autoridade, fonte da produção de significados na sala de aula absolutista.

Um primeiro passo que professor e alunos podem dar para tentar superar o absolutismo burocrático é identificar e avaliar suas perspectivas. Isso é simples de falar, mas difícil de fazer, pois a "lógica escolar", que implicitamente define o discurso de sala de aula, atrapalha. Um grande obstáculo na superação do absolutismo burocrático é, como já foi dito, a aceitação inconsciente da filosofia da Matemática escolar por parte dos alunos, fazendo-os crer que a tarefa principal do professor numa aula é corrigir erros. É um grande desafio para o professor, conseguir criar uma condição para que essa perspectiva seja questionada. Para que o absolutismo burocrático seja superado, não basta que o professor passe por uma mudança de atitude, uma vez que as raízes dessa perspectiva não estão na atitude, mas em toda a lógica escolar.

No exemplo que se segue, percebemos como os alunos tentam tomar as rédeas do processo educacional. Eles querem fazer parte do processo e ajustam suas perspectivas de acordo com as intenções do

---

[3] A noção de "produção de significado" foi desenvolvida por Lins (2001). Nós adotamos o termo, embora não implementemos a laboriosa interpretação que Lins construiu.

professor. É uma situação em que a lógica escolar é desafiada, por que há uma abertura em sala de aula. Os estudantes assumem novos papéis e surgem novos padrões de comunicação. Os alunos não adotam estratégias comodistas. Eles participam ativamente.

### *"Quanto se consegue preencher com jornal?"*

Nosso exemplo começa com a seguinte questão: "Quanto se consegue preencher com jornal?"[4] O livro-texto *Matema*,[5] de onde a atividade foi retirada, é caracterizado pela ideia de trabalho ativo dos estudantes. O livro-texto *Matema* busca proporcionar oportunidades para que professores e alunos consigam estabelecer interação com base no conhecimento matemático que se pretende trabalhar educacionalmente. Uma forma de fazer isso é criar uma situação em que, por um lado, certas estruturas e premissas são bem definidas e estabelecidas e, por outro, há relativa abertura para que os próprios alunos criem conceitos.

Na lição "Quanto se consegue preencher com jornal?", não há um conteúdo matemático principal. Tudo que o manual do professor diz é que há "muita matemática". Sugere-se trabalhar com peso, altura e largura, mas também comparar jornais diferentes com respeito a conteúdo e tamanho. O livro deixa para o professor a escolha do enfoque a ser dado. O livro do aluno lança a questão "quanto se consegue preencher com jornal?". A julgar pelas figuras de jornais espalhados e pelas tabelas para anotar altura e largura dos jornais, é razoável que o professor presuma que o tópico foi pensado para trabalhar o conceito de "área".

---

[4] A sequência que passamos a apresentar faz parte de um material elaborado pela equipe de professores de Randers Kommune na Dinamarca. Bjarne Wurtz Andersen e Ane Marie Krogshede Nielsen são os professores, e Jan Boserup filmou e editou as fitas com a cooperação de Ib Trankjær, que também coordenou o projeto. Nós não participamos da aula que apresentamos. As aulas foram filmadas como parte de um projeto que pretende disponibilizar exemplos de práticas de ensino para o público. A intenção não é criar modelos de aulas "perfeitas", mas produzir material que fomente a discussão do que se passa em sala de aula entre alunos, professores, colegas, pais e pesquisadores. Tivemos a oportunidade de discutir detalhes do vídeo e de nossa análise com as pessoas envolvidas.

[5] *Matema* é uma série de livros-texto da 1ª à 10ª série, preparada e editada por Peter Bollerslev, Vagn Harbo, Viggo Hartz, Peter Olesen, Leif Ørsted Petersen e Ib Trankjær.

O conceito de "preenchimento", contudo, não é preciso. "O carro preencheu a vaga", "A saudade preenche todo o meu ser", "O guloso (pre)encheu a pança", "O quadro preenche quase toda a parede", "Os jornais (pre)enchem o povo de fofocas", "Minha mãe preenche suas manhãs com a leitura de jornais". Essa polissemia, porém, não é algo indesejável; pelo contrário, pode ser uma estratégia pedagógica para dar início a uma aula de Matemática. O termo "preencher" assume múltiplos significados na frase "Quanto se consegue preencher com jornal?". Pode significar tempo, volume ou área. É preciso definir melhor o termo "preencher".

## Primeira aula na segunda-feira de manhã

O professor entra na sala de aula (3ª série). Ele carrega uma sacola de plástico e enseja um sorriso ao dirigir-se para a classe, embora pareça um gesto apenas formal. Ele tem dificuldade para atrair a atenção dos alunos, que estão entretidos com o rapaz que grava as cenas com a câmera. Essa é a primeira aula a ser gravada.

Tudo se passa numa sala de aula em que várias condições favoráveis acontecem. A relação entre o professor e os alunos é amistosa. Os alunos confiam no professor. Eles demonstram interesse em matemática e, em geral, são participativos. Nosso encontro com o professor e seus alunos se dá nesse ambiente contagiante, no exato momento em que o professor está prestes a iniciar um novo conteúdo.

Os alunos não fazem ideia sobre o que se trata a aula quando ela começa. Naturalmente, não é fácil para o professor comunicar a intenção da atividade com uma simples frase, por exemplo, que "é algo sobre 'área' e 'volume', que vamos ter que descobrir com o tempo". Além disso, a questão "Quanto se consegue preencher com jornal?" não está suficientemente contextualizada para que se possa respondê-la. Não há referências disponíveis para os alunos. Consequentemente, eles são obrigados a seguir as orientações do professor. Eles precisam achar uma solução sem entender por que precisam dela.

Um recurso que o professor pode utilizar são as *vistas privilegiadas*.[6] Vistas privilegiadas são criadas quando o professor prepara

---

[6] NT: o termo original em inglês é *vantage points*, que pode ser traduzido também por *mirante*, ou *ponto de observação*.

o terreno. Elas representam possíveis perspectivas nas atividades de sala de aula. Uma vista privilegiada proporciona uma visão geral da tarefa e dá algum sentido a ela. (Naturalmente, nem todo sentido sugerido pela vista privilegiada precisa ser considerado relevante pelos alunos.[7]) Uma vista privilegiada pode esclarecer uma ideia geral, por exemplo, "recolher jornais": quantos jornais é possível recolher durante uma tarde? Alguém já teve a experiência de recolher jornais? (Na Dinamarca, é uma atividade que rende alguns trocados para os escoteiros.) Quando se prepara um terreno, é possível que muitas tarefas se definam. Se elas fizerem sentido para os alunos a ponto de eles conseguirem descrevê-las ou mesmo discutir a respeito, então se diz que vistas privilegiadas foram encontradas. Nesse sentido, preparar o cenário para criar vistas privilegiadas pode fomentar a discussão sobre o significado das atividades propostas. Vistas privilegiadas podem ajudar a lançar luzes sobre certas perspectivas ou abrir novas.

Contudo, certas formas de se preparar um cenário não necessariamente "justificam" as atividades em sala de aula. Mas, ao conhecer uma perspectiva sobre o conteúdo matemático, os alunos ganham a possibilidade de associar novos significados para as atividades relacionadas aceitáveis ou não. Vistas privilegiadas podem ajudar alunos e professor a encontrarem direções para o processo de ensino e aprendizagem.

## Abertura desde o começo

Um objetivo geral (do livro-texto e do professor) para a pergunta "Quanto se consegue preencher com jornal?" é que os alunos desenvolvam o conceito de "área", mas como o professor pode conduzir os alunos nessa direção?

Professor:      O assunto sobre o qual vamos trabalhar nesta semana está bem aqui nesta sacola. [E coloca uma pilha de jornais na mesa.] O que vocês acham?

Vários alunos: Vamos ler?

---

[7] Veja uma discussão sobre vistas privilegiadas (*vantage points*) e preparação de terreno (*scene-setting*) em Skovsmose (1994).

Professor:     Vamos ler? ... O quê?

Pedro:          Não, nós vamos brincar. É..., brincar.[8]

O professor inicia apresentando o jornal como o assunto da aula. Os alunos não estão bem certos aonde o professor quer chegar com a pergunta "o que vocês acham?". Eles vão ler... ou brincar? Esses comentários podem ser interpretados como brincadeira dos alunos, pois eles sabem muito bem que a aula de segunda de manhã é de Matemática. O professor mantém o assunto em aberto fazendo perguntas a respeito da relação que os alunos têm com jornais, se eles têm assinatura em casa e de qual jornal, se há diferença entre um jornal e um folheto comercial etc. Com essa conversa amena, como quem não quer nada, o professor apresenta a questão: "Quanto se consegue preencher com jornal?".

Professor: Jornais como esses, eles preenchem tudo? Eles enchem tudo?

Sara:        [Balançando a cabeça.]

Professor: Eles enchem. Eles enchem pra caramba, vejam só. Vejam só, como são grossos. Se vocês juntarem jornais de, digamos, duas semanas, vocês poderiam empilhar um monte como esse rapidinho. [Indica tamanhos com as mãos.] Eu tenho uma cesta em casa onde junto meus jornais. Uma cesta... que se parece mais ou menos assim. [Esboça uma caixa com as mãos.] Daí eu coloco meus jornais nela depois de tê-los lido, e, às vezes, eu os tiro dali para ler de novo. Então eles vão amontoando desse jeito. [Faz um movimento pra baixo com um jornal.] De repente, a cesta enche e começa a cair jornal e isso me chateia. Daí eu junto tudo numa pilha e jogo no lixo. Jornal enche pra

---

[8] A fim de entender as transcrições, é necessário considerar as peculiaridades da linguagem falada, como a metalinguagem, a linguagem do corpo e as dixis de pessoa, tempo e lugar, que professor e alunos empregam e compreendem muito bem no contexto da comunicação que compartilham, mas que nós, como analistas e leitores da comunicação, temos que interpretar, a fim de reformular o sentido das palavras fora do contexto original. As transcrições originais estavam em dinamarquês e foram traduzidas primeiramente para o inglês e finalmente para o português. Isso naturalmente causa deturpações.

caramba. [...] Vamos tentar medir jornais. Vamos medir de várias formas. Eu trouxe três jornais diferentes pra vocês. Eu tenho o jornal local e eu tenho... esse chamado "Politiken", e outro chamado "Aktuelt", que é deste jeito aqui. Ele é um pouco diferente dos outros dois, como vocês podem ver. Agora, vejam este, vocês podem ver a diferença?

Fabio: É menor. [Falando sobre o "Aktuelt"]

Professor: Sim, é menor. Mas cabe o mesmo tanto, ou mais.

Fabio: Certo.

Professor: Pode ser que caiba a mesma quantidade de texto nele, depende do número de figuras. A propósito, nas costas do jornal aqui, vocês têm a previsão do tempo, estão vendo? Vocês vão fazer as medidas nos grupos de que vocês fazem parte no momento...

Se você considerar essa transcrição ao pé da letra, terá a impressão que "(pre)encher" tem relação com volume: os jornais preenchem uma cesta ou uma lixeira. Os alunos são orientados a fazer medidas, mas o que exatamente eles vão medir: quantos jornais cabem numa lixeira? Qual jornal é o mais fino? Ou é somente a previsão do tempo que vai ser medida? "A propósito, nas costas do jornal aqui, vocês têm a previsão do tempo, estão vendo? Vocês vão fazer as medidas nos grupos de que vocês fazem parte no momento..." A mensagem é dúbia, e os alunos parecem estar confusos.

Por que os alunos não reagem? Em grande parte, porque eles sabem que se seguirem o professor, vai dar tudo certo. Tudo o que se tem a fazer é descobrir aonde ele quer chegar. E, quando você não consegue com perguntas, o melhor é tentar adivinhar. Através desse procedimento, os alunos manifestam o desejo de participar da atividade. Eles buscam pela perspectiva do professor. Outra possibilidade é que os alunos estão tão acostumados com o professor e o seu jeito de se expressar que eles são capazes de entender a mensagem que para alguém de fora parece absurda.

Essa apresentação em aberto pode levar os alunos a perderem o interesse na aula. Eles podem se cansar de tentar achar sentido na fala do professor e simplesmente passar a seguir as instruções burocraticamente. Quando os alunos perseveram no objetivo de entender o professor, isso pode ser interpretado como um voto de confiança nele. Eles se tornam parceiros no processo de definição de uma perspectiva. Eles estão a fim de dar sentido àquilo que têm de fazer. O contexto que foi estabelecido com a presença dos jornais na sala de aula falhou ao não construir nenhuma vista privilegiada útil. Mas os alunos continuam querendo entender o propósito da atividade.

## Adivinhando o que o professor tem em mente

Alguns alunos têm uma formidável faculdade de adivinhar o que o professor está querendo e uma forma elegante de apreender suas ideias. Isso não quer dizer, contudo, que eles estejam aprendendo alguma coisa. Parece mais uma técnica que os alunos desenvolvem para participar das aulas.

O padrão de adivinhação que vamos estudar na atividade "Quanto se consegue preencher com jornal?" é de um tipo diferente, já que os alunos, por si mesmos, estão dispostos a trabalhar na questão. E parece ser um interesse genuíno, motivado pelo conteúdo.

> Professor: Há duas coisas que vocês podem medir. Que são: quanto se consegue preencher com jornal e, então, vocês têm que [ic][9] e, então, vocês têm que descobrir qual jornal preenche mais. E como nós descobrimos quanto se consegue preencher com jornal? Quanto se consegue preencher com jornal? Daí vocês podem tentar estudar a figura da menina medindo aqui... todos viram a menina aqui [apontando para uma figura do livro] medindo quanto jornal cabe. O que ela está fazendo... Camilla?
>
> Camilla: Está abrindo o jornal.
>
> Professor: Está abrindo o jornal. Pois, o que significa "preencher"? O que significa "preencher"? O jornal preenche alguma coisa o que isso significa? O que significa, o que um jornal preenche? O quê... o quê... o quê? [Lucas levanta a mão.]

---

[9] [ic] significa "fala incompreensível"

| | |
|---|---|
| Lucas: | Ele pode preencher um quarto. |
| Professor: | Como? |
| Lucas: | Se você... [o professor interrompe.] |
| Professor: | O que você tem de fazer então? |
| Lucas: | Se você levar uma porção de jornais. |
| Professor: | Sim, se você... bom, mas só pode usar um. |
| Lucas: | Então você pode espalhar pra todo lado. |
| Professor: | Você pode espalhar pra todo lado. Você pode separar as páginas e espalhá-las e aí descobrir quanto elas preenchem. |
| Lucas: | Yeah... |
| Professor: | Mas seria possível... seria possível preencher com jornal de outras maneiras? [Lucas olha para outro lado.] |
| Laura: | É só pesar. |
| Professor: | Sim, mas aí a história muda um pouco. Não tem mais tanto a ver com preenchimento, não é verdade? Aí muda, vamos falar sobre isso depois. [Apontando para o alto.] Mas, primeiro, qual jornal preenche mais? Usem estes três. Qual preenche mais? |

A ideia de Lucas de "preencher um quarto" parece funcionar ela pode ser comparada com o preenchimento de uma cesta ou de uma lixeira, que foi a perspectiva apresentada pelo professor no começo. A sugestão faz sentido e é viável, mas não era o que o professor queria e, aí, Lucas tentou outro chute: "Então você pode espalhar pra todo lado". Dessa vez ele acertou o alvo, mas pareceu perder confiança quando o professor perguntou se "seria possível preencher com jornal de outras maneiras?". Afinal de contas, Lucas havia feito uma sugestão que o professor recusou. Ele se retira da discussão, e Laura sugere que os jornais poderiam ser pesados para descobrir quanto eles preenchem. Novamente o professor recusa uma sugestão de um aluno, observando que usar o peso muda as coisas e que isso deve ficar para mais tarde.

Nunca saberemos aonde Lucas queria chegar com: "Ele pode preencher um quarto". Ele estaria buscando medir o volume de um monte de jornais? Nesse caso, a sugestão de Lucas seria um passo concreto para definir o conceito de "preenchimento". Somente se a interpretação desejada para "preenchimento" estiver relacionada com área, é que as ideias de Lucas e de Laura poderiam ser descartadas. A rejeição do professor indica que a ideia de fazer uma apresentação aberta do conceito de "preenchimento" não foi bem aproveitada.

A conversa indica que o professor tem uma perspectiva ou uma intenção em mente e que os alunos devem adivinhá-la. Duas formas de comunicação convivem nesse cenário. O professor já preparou o assunto e tem certo entendimento do que deseja fazer. Os alunos querem somente esclarecer do que se trata a aula. Assim, a comunicação direta do professor confronta-se com a comunicação inquisitiva e circular dos alunos.

A ambiguidade do verbo "preencher" pode ser usada a favor da aprendizagem, se percebida como uma oportunidade para que os alunos esclareçam os conceitos envolvidos na questão (temos "área" ou "volume" em mente?). É algo de extrema importância perceber que não haveria um diálogo consistente sobre preenchimento com jornal, se as partes envolvidas no diálogo não compartilhassem certos conceitos básicos. Contudo, tudo isso se perde quando o objetivo de medir o preenchimento que se consegue com um jornal é substituído pelo objetivo de definir o seu peso. Nem no livro-texto, nem na discussão em sala de aula, essa distinção é explorada.

**Percebendo que os alunos podem ter em mente algo diferente**

O jornal é colocado em um dos pratos de uma balança, e o professor aponta para o outro prato.

Professor: O que precisamos colocar nesse aí, Miguel?

Miguel: Outro jornal.

Professor: [Imediatamente.] Não! [3 seg.] Bom, é possível que sim. Vamos fazer isso então... Taí Miguel, coloquei um jornal. O que descobrimos com isso, Miguel?...

Miguel: Que ele é mais pesado.

Professor: Correto. Dá pra fazer o que o Miguel está sugerindo. E isso pode nos ajudar a descobrir qual é o mais pesado... "Politiken" é mais pesado que "Aktuelt"... Os dois jornais não têm o mesmo peso.

Aparentemente, o professor já tinha uma resposta para a questão de o que colocar no prato vazio da balança e, por isso, ele rechaçou prontamente a proposta de Miguel de colocar "outro jornal". Após uma breve hesitação, ele pareceu perceber que o aluno devia ter uma ideia diferente em mente e mudou sua fala: "Bom, é possível que sim". Nessa situação, o professor mudou a direção de seus questionamentos. Ele adotou a perspectiva do aluno e cooperou na execução da comparação dos pesos dos jornais. Além disso, ele pontua explicitamente a perspectiva do aluno quando diz: "Dá pra fazer o que Miguel está sugerindo". Mas o professor tinha originalmente outra ideia em vista e ele a retoma:

> Professor: Mas que outra coisa nós podemos colocar aqui, Lucas? [Apontando o prato.]
>
> Lucas: Pôr um peso.
>
> Professor: Nós podemos pôr um peso aqui. Aqui estão, são de plástico e latão. O que podemos descobrir, Lucas?
>
> Lucas: Se nós soubermos quanto eles pesam (os pesos), vamos poder saber quanto eles pesam (os jornais).
>
> Professor: O que eu posso saber? O que sei agora, Lucas? [Coloca um peso num balde, que vira.]
>
> Lucas: Agora você sabe que o peso é muito pesado.
>
> Professor: Certo, talvez eu precise diminuir o peso, mas agora eu sei quanto jornal pesa e a figura... peguei uma figura aqui... e vou anotar que este jornal pesa, digamos, 100 g.

Lucas adivinhou a resposta certa, isto é, que jornais podem ser pesados por meio de uma balança com pesos. Mas o professor queria que Lucas dissesse também o que o professor concluiu com aquilo. Pela resposta de Lucas ("Agora você sabe que o peso é..."), percebe-se que Lucas está ciente dessa intenção do professor, mas ele não consegue formular do jeito que o professor queria, isto é, concluindo a respeito do peso do jornal. A princípio, eles estão falando da mesma coisa, apenas com perspectivas diferentes. No final das contas, professor e aluno não se encontram na comunicação. Os sentidos das duas abordagens (pesar o jornal versus considerar quanto pesam os pesos) não são verbalizados e não se estabelece um entendimento mútuo com base nas diferentes perspectivas dos dois envolvidos. Contudo, a interpretação de "preencher" em termos de volume e peso foi totalmente descartada. Desse ponto em diante, "preencher" é entendido em termos de "área".

## Que unidade usar?

Após a introdução da lição na sala de aula, os alunos se reúnem em grupos para começar a fazer as medidas. Um grupo (Camilla, Marlene e Tomas) estão trabalhando no corredor, espalhando jornais para medir quanto se consegue preencher. Então surge a questão de que unidade de medida usar. O professor se aproxima do grupo:

> Professor: ...bem, como vocês veem, o que é preenchido é aquilo em que vocês podem andar, tocar... Mas há outro jeito? Vocês podem também medir quanto espaço os jornais ocupam com uma fita métrica, é uma possibilidade. Vocês decidem como dizer para os colegas se consegue preencher espalhando um jornal.

O exercício é composto de duas partes primeiro, definir uma unidade de medida: "Vocês decidem", e, depois, medir os jornais: "Quanto se consegue preencher espalhando um jornal". O professor não revela qual o propósito para eles medirem os jornais, mas sugere que os alunos usem uma fita métrica. Contudo, o grupo decide contar as páginas de jornal, tendo abandonado (após consultar o professor) a ideia de usar passadas como unidade de medida, por serem muito variáveis. Nesse momento, outro problema surge. As páginas de jornais diferentes não são do mesmo tamanho.

> Professor: Mas vejam isso, aqui temos o outro jornal. Vocês lembram desse menorzinho, reparem na página dele, ela encaixa na do outro, encaixa mesmo, dá pra vocês verem, ela encaixa bem aqui. [Coloca uma página dupla do "Aktuelt" em cima de uma página simples do "Amtsavisen".] E isso significa que quando vocês espalham um jornal desse tipo, quando vocês separam tudo, então esta é uma página, daí vocês contam

quantas páginas desse tipo tem aqui, não desse tipo aí, que é uma página dupla. Então, agora vocês devem contar quantas há deste tipo, então contem e anotem.

O grupo é deixado por sua própria conta, e a tarefa de definir o que é uma folha de jornal não se mostra nada fácil. Camilla acata a sugestão do professor para que eles mesmos definam o tamanho da folha de jornal ao pé da letra: "Então nós podemos dizer que esta é uma folha de jornal", mas Marlene relembra a definição dada pelo professor:

Marlene: Não, não, isso não está legal. Se nós espalhássemos folhas como esta...

Camilla: Então nós podemos dizer que esta é uma folha de jornal.

Marlene: Não. [Com tom de voz muito determinado e irritado.]

Camilla: É uma página.

Marlene: Bom, não, são duas páginas. Veja isso. [Toma o jornal de Camilla.] São duas páginas, uma, duas. [Contando e apontando as páginas de jornal.]

Camilla: [Faz objeções que não puderam ser compreendidas na gravação.]

Marlene: São duas páginas, você não lembra o que o professor disse, que então nós poderíamos... [ic] ... bem, são duas páginas.

Tomas: Eu não consigo saber se este aqui é "Aktuelt".

Marlene: "Aktuelt"? Ah, mas tem na frente, não tem? [tomando o jornal de Tomas e averiguando.]

Percebemos uma discordância entre Camilla e Marlene. Enquanto Camilla faz suas intervenções com voz tímida, Marlene faz suas refutações e explicações com um tom de voz visivelmente irritado e determinado. Ela se mostra muito empenhada em realizar a atividade.

Na discussão sobre "qual unidade usar", professor e alunos obtêm, pelo menos, um ponto de vista comum sobre o significado do termo "preencher": ele está relacionado com a área. Esse esclarecimento pontual da perspectiva pode propiciar aos alunos um novo impulso para a aprendizagem.

## Os alunos assumem o comando

Marlene apresenta seu ponto de vista com certa autoridade, fazendo referência à fala do professor. Sua autoridade ganha força na medida em que ela é capaz de, ao mesmo tempo, refutar, questionar, explicar e comandar. Não apenas é capaz de questionar Camilla, como também comanda Tomas, que está tentando descobrir de que jornal vieram as páginas. É como se Marlene estivesse assumindo o comando,[10] e essa tendência é reforçada na seguinte passagem:

Camilla: Não é pra contar desse jeito: um, dois? [Apontando as páginas.]

Marlene: Não. Um, dois. [Com voz irritada e apontando de um jeito diferente.]

Camilla: Um, dois. [Insistindo na sua sugestão.]

Marlene: Não! [...]

Tomas: Veja isso.

Marlene: Havia somente essas páginas pequenas, então ele diz: uma página como esta, esta é a página.

Tomas: Não.

Marlene: Mas foi o que ele disse.

Camilla: Não.

Marlene: Sim.

Tomas: Ele disse, uma como esta daqui.

Marlene: Não, me escutem: nesta folha... qual era aquela que estava aqui agora há pouco? Como se chamava?

Tomas: "Aktuelt".

Marlene: Aktu... "Aktuelt", OK. Se houvesse somente destas páginas menores, o que nós faríamos?

Camilla: Nós não podemos fazer como nós fizemos?

Marlene: Não, por favor, vocês vão me ouvir? Só tem da página pequena, não pode usar da grande.

---

[10] Segundo o professor, Marlene não costuma assumir o papel de liderança na classe.

Camilla insiste em sua posição. Eles riem da situação, mas a discussão continua:

> Marlene: É por isso que eu digo: neste aqui tem que ser... tem que ser o dobro do tamanho, porque não é uma página como esta [Camilla ri.], vocês estão me ouvindo?, agora, não pode ser o mesmo, porque havia doze páginas, e era só de páginas pequenas como esta.
>
> Tomas: Não era.
>
> Marlene: Então vá buscar o jornal.
>
> Camilla: Eu vou, e vou perguntar ao professor.
>
> Marlene: Mas ele não vai saber, será?
>
> Camilla: Vai sim.
>
> Marlene: Se fossem duas folhas como esta, bem, vejamos... Eu vou pegar o papel, vejamos agora, vamos ver se era uma página como esta [Marlene pega o jornal.], viram? Não são todas como esta, viram?
>
> Tomas: É mesmo.
>
> Marlene: Então nós não podemos medir, porque não são do mesmo tamanho.

O que chama a atenção nesse trecho é como Marlene começa a assumir o papel de um professor autoritário. Ela argumenta e explica, mas também dá ordens: "Então vá buscar o jornal.", ela se impõe: "Vocês estão me ouvindo?" e faz perguntas cujas respostas já sabe (em parte): "Qual era aquela que estava aqui agora há pouco? Como se chamava?". Quando os colegas questionam a sua autoridade, ela refere-se ao que o professor havia dito: "Mas foi o que ele disse". Assim, o professor está presente na comunicação (ainda que invisível), e Marlene é sua procuradora.

Nessa passagem, contudo, os colegas se opuseram à autoridade de Marlene e resolveram apelar à real autoridade para pôr fim ao conflito. "Eu vou, e vou perguntar ao professor", disse Camilla. O que aconteceu depois que Camilla voltou com o professor não presenciamos.

O fato de Marlene assumir o controle pode ser interpretado como uma reação à falta de comando do professor. Um possível raciocínio que os alunos podem ter feito é que, quando o professor não toma decisões, alguém mais tem que fazê-lo. Pode ser a expressão da intenção dos alunos de criar orientações claras para o curso. A situação pode ser vista também como um exemplo de uma "lei" dinâmica de grupo, que passa a valer quando uma autoridade oficial se faz ausente. Nessas circunstâncias, há geralmente uma disputa para determinar quem decide, e apenas um assume a liderança no final. A despeito do embate pelo poder, é notável a maneira como os alunos se envolveram na atividade, mesmo estando eles no corredor e sem a presença do professor. Essa observação realça um aspecto essencial da aprendizagem.

## Aprendizagem como ação

Podemos interpretar as atividades realizadas pelos estudantes em "quanto se consegue preencher com papel?" em termos de *aproximação*.[11] Segue-se uma descrição geral da ideia. Os alunos entram em sala. Eles têm expectativas sobre o que vai acontecer na aula. Eles costumam ter alguma curiosidade a respeito. O professor passa algumas tarefas e atividades, mas, mesmo que os conceitos matemáticos e as tarefas sejam suficientemente contextualizados, não foram estabelecidas vistas privilegiadas que possam ajudá-los a dar sentido às atividades sugeridas. Os alunos ficam perdidos e confusos. As atividades parecem interessantes, mas os alunos querem saber com mais clareza o que se passa. Eles fazem perguntas. O professor dá explicações, mas os alunos não "chegam lá". Eles tentam, em contrapartida, acomodar suas apreensões. Eles fazem uma aproximação que pode ser vista como uma ação coletiva realizada pelos alunos.

Imaginemos que professor e alunos cheguem a um consenso. Os alunos percebem do que se trata a aula. Eles "chegam lá". Tal situação pode ser descrita em termos de perspectivas que são compartilhadas entre professor e alunos. Os alunos compreendem a perspectiva proposta pelo professor. Pode-se dizer que o professor também compreendeu a perspectiva dos alunos. Uma aproximação constitui-se na

---

[11] NT: A termo original em inglês é *zooming-in*.

busca de uma perspectiva satisfatória. Uma aproximação malsucedida também pode acontecer. Foi exatamente uma aproximação malsucedida, mas persistente, que nos chamou a atenção para o fenômeno da aproximação propriamente dito. Entendemos que a aproximação é um fenômeno muito interessante, que revela as estruturas da prática de sala de aula real. Ela propicia, ainda, elementos para uma discussão sobre a natureza das atividades de aprendizagem.

Aproximação não é um fenômeno corriqueiro. Há dois fatores que podem inibir aproximações. Primeiro, a aula pode ser organizada de tal forma que todas as tarefas ficam claramente estabelecidas. O segundo fator ocorre quando os alunos não estão interessados naquilo que estão fazendo ou já incorporaram um comportamento instrumentalizado.[12] Esses dois fatores podem estar associados nas aulas de Matemática tradicionais: o professor explica um assunto novo, aponta quais exercícios resolver em seguida, os alunos fazem os exercícios e o professor confere os resultados. Em aulas como essas, não há necessidade de aproximação.

Além disso, se alguma coisa está fora de foco, uma aproximação pode indicar que a prática de sala de aula não caiu na rotina.[13] Isso indica que os alunos estão de fato envolvidos com o desenrolar da aula. Nós interpretamos os dois padrões de comunicação dos alunos ("adivinhando o que o professor tem em mente" e "os alunos assumem o comando") como tentativas, por parte deles, de aproximarem-se do propósito geral da atividade.

Concluímos que atividades de aproximação indicam um aspecto fundamental da aprendizagem. A aproximação dos alunos indica que (pelo menos alguma) *aprendizagem pode ser entendida como ação*. Essa ideia é fundamental para nossa interpretação de aprendizagem e, concomitantemente, para nossa visão de ensino. Naturalmente, não vamos afirmar que todos os tipos de aprendizagem podem ser vistos como ação. Algumas formas são mais bem caracterizadas como atividades compulsórias, por exemplo, os exercícios que os soldados fazem quando aprendem a marchar. Outras formas de aprendizagem

---

[12] Uma discussão sobre instrumentalismo pode ser encontrada em Mellin-Olsen (1977, 1981).

[13] Voigt (1984, 1989) traz uma discussão sobre rotinas em aulas de Matemática.

podem ser mais bem descritas como assimilação ou enculturação, como quando as crianças aprendem a língua falada pela mãe. Um hábito pode ser assimilado, mesmo quando o aprendiz não tem uma intenção clara de adotar aquele hábito. Achamos, contudo, que a aprendizagem como ação pode ser associada a certas qualidades e queremos elaborar mais sobre isso.

Ação pode ser associada a termos como meta, decisão, plano, motivo, propósito e *intenção*. Há sempre uma pessoa "envolvida" na ação.[14] Isso quer dizer que nossa intenção é distinguir ação de "comportamento biologicamente predeterminado". De fato, há muitas coisas que não queremos classificar como ação, por exemplo, coçar a cabeça enquanto resolvemos um problema difícil. Para que uma atividade seja classificada como ação, é preciso que haja certa intencionalidade por trás dela. Um segundo requisito para que uma pessoa possa realizar uma ação é que a pessoa não esteja numa situação sem alternativas. É impossível agir numa situação completamente predeterminada; é preciso que haja escolhas. Em suma, agir pressupõe tanto o envolvimento da pessoa quanto uma abertura.

Queremos interpretar certo tipo de aprendizagem da mesma forma como fizemos com a ação. Tal aprendizagem pressupõe tanto uma situação em aberto quanto o envolvimento dos alunos. Enquadramos a introdução de "Quanto se consegue preencher com jornal?" como algo em aberto desde o início. Essa abertura tem seu lado positivo e negativo. Os estudantes passam a ter a chance de descobrir qual é o propósito da unidade. Na medida em que eles são capazes de reconhecer os objetivos e se identificar com eles, eles podem se tornar condutores do próprio processo educativo.[15] Conduzir em conjunto também significa compartilhar perspectivas. Como aprendizes, eles devem ser atuantes e estar envolvidos. Por outro lado, a abertura pode levar à confusão, que cria obstáculos à participação dos alunos.

---

[14] Para uma discussão de "intenção" e "ação", ver Searle (1983) e Skovsmose (1994). Entender aprendizagem como ação está em sintonia com o construtivismo como ele aparece mais e mais claramente na discussão sobre Educação Matemática (cf. p.e. GLASERSFELD (ed.), 1991).

[15] Mellin-Olsen (1987, 1989), que se inspira na teoria da atividade, frequentemente usa uma frase que diz que os aprendizes devem ser condutores de sua própria educação.

No trecho "adivinhando o que o professor tem em mente", os alunos buscaram um propósito para sua própria formação e, dessa forma, esforçaram-se para voltar suas intenções para a aprendizagem. No trecho "os alunos assumem o comando", eles receberam um novo impulso, muito embora isso os tenha levado a um caminho errado. Essas ações, "adivinhar" e "tomar o controle", nós as caracterizamos como aproximação, e podemos interpretar uma aproximação como o processo no qual um grupo considerável de alunos volta sua intenção para o processo de aprendizagem. Uma aproximação indica uma busca por compartilhar perspectivas. Ela indica um desejo de condução e representa ação.

Intenção e ação estão intimamente relacionadas, mas não no sentido de que primeiro vem a intenção de se fazer alguma coisa para só depois acontecer certo desdobramento que realiza a intenção. A intenção da ação está presente na própria ação. O mesmo vale para a aprendizagem. Os alunos não têm que encontrar uma razão para aprender antes de se deixarem envolver na aprendizagem. As intenções têm de estar presentes no próprio processo de aprendizagem. O fato de que os alunos da atividade "Quanto se consegue preencher com jornal?" continuam a discutir intensamente o que para eles significa uma folha de jornal mesmo depois que eles saíram da sala e dos domínios do professor interpretamos como um indicativo de sua vontade de realizar os objetivos do exercício. Eles queriam agir.

Uma aproximação pode parecer uma estratégia de tentativa-e-erro para encontrar o sentido de uma atividade passada em sala de aula. Torna-se cada vez mais claro para nós como é importante estabelecer situações educacionais em que seja possível para os alunos buscarem uma aproximação e estabelecer uma "cultura" de sala de aula na qual os alunos realmente desejem realizar aproximações. Isso significa criar espaço para que os alunos se tornem condutores do próprio processo educacional.

O professor também é uma pessoa atuante no processo. Essa afirmação não é novidade. Em muitas descrições de situações pedagógicas, a educação tem sido descrita como um processo sujeito a planejamento e estruturação. O ensino tem sido descrito como uma ação complexa, às vezes em termos administrativos, em que os alvos do processo os alunos têm sido descritos como objetos do planejamento educacional. Em nossa terminologia, educação é caracterizada pelo encontro de dois "agentes". Um dos problemas passa a ser coordenar dois tipos de ação, isto é, aprender e ensinar. Por essa razão, é de especial interesse verificar os pontos de convergência entre professor e alunos com respeito ao conteúdo pedagógico. Um ponto de convergência são os padrões de comunicação de jogo-de-perguntas[16] e adivinhação. Nos próximos capítulos, vamos discutir alguns outros padrões e suas consequências para a aprendizagem. De fato, pretendemos qualificar a comunicação aluno-professor em termos de cooperação e isso traz novas qualidades ao processo de aprendizagem.

---

[16] NT: O termo original em inglês é *quizzing*.

Capítulo II

# Cooperação investigativa

O que se entende por Educação Matemática tradicional é algo que muda com o tempo e varia de país para país. Assim, é difícil caracterizar o que vem a ser "tradição" em Educação Matemática. Queremos sugerir, entretanto, que o ensino de Matemática tradicional é caracterizado por certas formas de organização da sala de aula. Por exemplo, nesse modelo, as aulas costumam ser divididas em duas partes: primeiro, o professor apresenta algumas ideias e técnicas matemáticas, geralmente em conformidade com um livro-texto. Em seguida, os alunos fazem alguns exercícios pela aplicação direta das técnicas apresentadas. O professor confere as respostas. Uma parte essencial do trabalho de casa é resolver exercícios do livro. Há variações possíveis no tempo gasto com a parte expositiva e com a resolução dos exercícios. Outros elementos podem ser combinados com esse modelo, por exemplo, os alunos podem apresentar pequenos seminários ou exercícios resolvidos.

No ensino de Matemática tradicional, os padrões de comunicação entre professor e alunos se tornaram repetitivos e há muita pesquisa sendo feita para identificar os padrões de comunicação dominantes nesse meio. Estamos interessados nas possíveis causas para esses padrões de comunicação, como o padrão de comunicação do jogo-de-perguntas que descrevemos no Capítulo I. Aqui vamos dar a devida atenção a um aspecto singular do ensino de Matemática tradicional, o *paradigma do exercício*. Esse paradigma tem grande influência na Educação Matemática no que diz respeito à organização das aulas, aos padrões de comunicação entre professor e alunos, bem como ao papel que a Matemática desempenha na sociedade como um todo, por exemplo, com uma função fiscalizadora (exercícios matemáticos encaixam-se perfeitamente em processos de seleção). Geralmente, exercícios de Matemática são preparados por uma autoridade externa à sala de aula. Nem o professor, nem os alunos participam da elaboração dos exercícios. Eles são estabelecidos pelo autor de um livro-texto. Isso significa que a justificativa para a relevância dos exercícios não faz parte da lição em si mesma. Os textos e exercícios matemáticos costumam ser, para aqueles que vivenciam a prática e a comunicação em sala de aula, elementos preestabelecidos.

O paradigma do exercício tem sido desafiado de muitas maneiras: pela resolução de problemas, proposição de problemas,[17] abordagem temáticas, trabalho com projetos etc. Usaremos a expressão "abordagens investigativas"[18] para denominar esse conjunto de metodologias. Entendemos que a mera resolução de exercícios é uma atividade muito mais limitante para o aluno do que qualquer tipo de investigação. Queremos discutir sobre a aprendizagem conquanto ação e não como uma atividade compulsória e isso nos leva a dar uma atenção especial para os alunos que participam das abordagens investigativas. Para que sejam criadas oportunidades para a realização de investigações, é importante observar alternativas ao paradigma do exercício. O trecho "abertura desde o começo", que faz parte da atividade "quanto se consegue preencher com jornal?", ilustra muito bem o que pode acontecer, de bom e de ruim, quando não se segue o paradigma do exercício.

No presente capítulo, vamos tentar caracterizar as abordagens que desafiam o paradigma do exercício em termos de *cenários para investigação*.[19] Vamos discutir o que vêm a ser tais cenários. E, ao discutir um episódio do projeto "O que parece a bandeira da Dinamarca?", vamos tentar esclarecer a noção de *cooperação investigativa*[20]

---

[17] NT: O termo original em inglês é *problem posing*.

[18] Uma abordagem investigativa pode tomar várias formas. Um exemplo é o trabalho com projetos, que foi empregado na educação primária e secundária por Nielsen, Patronis e Skovsmose (1999) e Skovsmose (1994), e no ensino superior por Vithal, Christiansen e Skovsmose (1995).

[19] NT: O termo original em inglês é *landscapes of investigation*.

[20] NT: *Inquiry co-operation*, no original.

como uma forma particular de interação aluno-professor ao explorarem conjuntamente um cenário de investigação. Nós denominamos esse modo de cooperação de *Modelo de Cooperação Investigativa* (Modelo-CI). O padrão de comunicação que caracteriza esse modelo é raro nas aulas baseadas no paradigma do exercício.

## De exercícios a cenários para investigação

Examinemos um típico exercício de Matemática: o comerciante A vende castanhas por 85 centavos o quilo. B vende o pacote de 1,2 kg por R$1,00. (a) Qual comerciante pratica o menor preço? (b) Qual é a diferença de preço entre os dois comerciantes para um pedido de 15 quilos de castanhas?[21]

Temos a nítida impressão de que estamos lidando com castanhas, lojas e preços. Mas, muito provavelmente, a pessoa que elaborou esse exercício jamais foi ao comércio para ver como se vendem castanhas, nem entrevistou ninguém para saber o que acontece quando alguém pede 15 kg desse produto. É uma situação artificial. Esse exercício se situa numa semirrealidade. Resolver exercícios que se referem a semirrealidades é uma competência específica que se manifesta na Educação Matemática e cujas bases são acordos implícitos, mas bem elaborados, entre professor e alunos.[22]

Alguns princípios desse acordo são os seguintes: a semirrealidade está completamente descrita no texto da questão. Nenhuma informação externa referente à semirrealidade é relevante para fins da resolução do exercício e, portanto, não é relevante para nada. O único propósito do exercício é ser resolvido. Deixar-se levar pela semirrealidade descrita no texto e tentar explorá-la por meio de perguntas e curiosidades é uma atitude de quem quer perturbar a aula. Semirrealidades são mundos sem impressões sensoriais (perguntar sobre o sabor das castanhas está fora de questão), apenas as quantidades

---

[21] O exemplo é retirado de Dowling (1998) na sua descrição do "mito das referências". A exposição e discussão subsequentes sobre cenários para investigação são baseadas em Skovsmose (2000b, 2000c, 2001a, 2001b). A noção de "realidade virtual" ao referir-se ao mundo criado pelos exercícios de Matemática é atribuída a Christiansen (1994, 1997).

[22] Ver Brousseau (1997) e Christiansen (1995) para uma discussão sobre "o contrato didático".

medidas são relevantes. Além disso, todas as quantidades medidas são exatas, uma vez que a semirrealidade é totalmente definida por essas medidas. Por exemplo, discutir se é ou não é válido pechinchar preços ou comprar menos de 15 kg de castanhas não tem cabimento. A exatidão das medidas, associada com a premissa de que a semirrealidade está completamente descrita no texto da questão, ajudam a manter a regra de que uma-e-somente-uma-resposta-está-correta. A metafísica da semirrealidade garante que essa regra seja válida não somente quando se faz referência a números e figuras geométricas, mas também a "lojas", "castanhas", "quilogramas", "preços", "distâncias" etc.[23]

É fácil encontrar exemplos de exercícios que não fazem referências a semirrealidades, mas somente a entidades matemáticas puras. Basta lembrar as formulações imperativas: "Resolva a equação...", "Reduza a expressão..." e "Construa a figura...". A tradição do ensino de Matemática tem por característica adotar uma sequência de exercícios quase infinita.[24] Portanto, quer os exercícios se refiram, ou não, apenas a noções matemáticas, quer façam alusão a semirrealidades, a regra uma-e-somente-uma-resposta-está-correta continua valendo. Não chega a ser algo surpreendente que a prática de considerar todos os erros de uma mesma maneira, tal como acontece no absolutismo burocrático, seja alimentada pelo paradigma do exercício.

Há casos em que é feito um grande esforço para utilizar dados da vida real na elaboração de exercícios, o que ajuda a romper com o ensino tradicional e seus padrões de comunicação. Com o emprego de dados da vida real, passa a fazer sentido ponderar sobre a confiabilidade dos cálculos. Também passa a fazer sentido, verificar as informações que o exercício apresenta (com semirrealidades, isso não fazia sentido). Por exemplo, gráficos referentes às taxas de desemprego podem ser apresentados como parte do exercício e, com base nisso, podem surgir questionamentos sobre o aumento ou a redução do

---

[23] A maneira como a Matemática e a semirrealidade convenientemente se combinam não tem nada a ver com a relação entre Matemática e realidade. Não perceber isso fortalece a ideologia da certeza. Ver discussão sobre a ideologia da certeza em Borba e Skovsmose (1997).

[24] Como Mellin-Olsen (1991) observou, isso causou o desenvolvimento de certo conjunto de metáforas relativas a viagens, como "atrasar", "acelerar" e "emparelhar".

emprego, comparações com outras épocas e lugares etc. Em todo caso, essas atividades ainda estão vinculadas ao paradigma do exercício.

O ensino de Matemática tradicional está muito associado à resolução de exercícios referentes à Matemática pura ou a semirrealidades. Por isso, um certo padrão de comunicação entre professor e alunos torna-se dominante. O absolutismo burocrático e a metafísica da semirrealidade caminham lado a lado. De fato, essa metafísica permeia toda forma de comunicação entre professor e alunos. Exercícios baseados em dados da vida real abrem uma brecha no ensino tradicional de Matemática e desafiam o absolutismo burocrático. Por exemplo, torna-se difícil manter a premissa de que uma-e-somente-uma-resposta-está-certa à medida que se torna relevante questionar as informações contidas no exercício. A metafísica que impera no ensino tradicional de Matemática começa a ruir.

Podemos tentar abandonar o paradigma do exercício para entrar em um ambiente de aprendizagem diferente, que chamamos *cenários para investigação*. Eles são, por natureza, abertos. Cenários podem substituir exercícios. Os alunos podem formular questões e planejar linhas de investigação de forma diversificada. Eles podem participar do processo de investigação. Num cenário para investigação, a fala "O que acontece se...?" deixa de pertencer apenas ao professor e passa a poder ser dita pelo aluno também. E outra fala do professor, "Por que é dessa forma...?", pode desencadear a fala do aluno "Sim, por que é dessa forma...?".

Assim como acontece no paradigma do exercício, o sentido das atividades realizadas nos cenários para investigação pode estar relacionado a semirrealidades. Dessa forma, os projetos podem ser desenvolvidos com referência a, digamos, corridas de cavalo, aerodinâmica de automóveis, concertos de rock etc., sem maiores ligações com corridas de cavalo, automóveis e concertos de rock de verdade. O projeto "Quanto se consegue preencher com jornal?" também faz referência a uma semirrealidade. Embora os alunos usassem jornais de verdade, as tarefas eram um tanto artificiais. A pergunta inicial de um aluno "Vamos ler?" não foi considerada relevante. Os jornais trazidos pelo professor tinham uma função diferente da convencional.

É possível encontrar cenários para investigação elaborados com base principalmente em entidades matemáticas. Muitas atividades de geometria dinâmica, a exemplo de atividades realizadas com programas como Cabri e Geometricks, fazem referência a assuntos puramente matemáticos. Neles, os alunos podem explorar as propriedades das reflexões, rotações e translações. Com planilhas eletrônicas, os alunos podem investigar a convergência de séries numéricas. Os computadores têm sido uma constante nesses exemplos, mas não é nossa intenção passar a ideia de que eles são parte essencial dos cenários para investigação cujo tema seja puramente matemático.

Por fim, podemos observar cenários para investigação caracterizados por alto grau de referência a situações da vida real. A corrente que adota trabalho com projetos na educação matemática tem vasto repertório de exemplos de cenários para investigação dessa natureza.

Juntando essas observações em um único diagrama, conseguimos visualizar os possíveis ambientes de aprendizagem, aos quais vamos nos referir como ambientes de aprendizagem (ver Fig. 2.1). Os ambientes (1), (3) e (5) representam o paradigma do exercício, com (1) e (3) predominando no ensino de matemática tradicional e influenciando de forma decisiva os padrões de comunicação professor-aluno. Os ambientes (2), (4) e (6) representam cenários para investigação nas três possíveis formas de referência para produção de significado. Essas referências podem auxiliar o posicionamento dos alunos na medida em que propiciam visão geral do que pode ser feito. Nos ambientes (1) e (2), as referências são feitas somente à matemática pura. Em (3) e (4), as referências são feitas à semirrealidade, ao passo que (5) e (6) incluem referências ao mundo real.

|  | Paradigma do exercício | Cenários para investigação |
|---|---|---|
| Referências à matemática pura | (1) | (2) |
| Referências a semirrealidades | (3) | (4) |
| Referências ao mundo real | (5) | (6) |

Figura 2.1 – Ambientes de aprendizagem

O modelo da Figura 2.1 é uma simplificação. Muitos outros elementos teriam que ser considerados para melhor entendimento dos ambientes de aprendizagem, mas esse modelo simples é suficiente para nossos propósitos. O modelo evidencia o fato de que diferentes formas de referência correspondem a ambientes de aprendizagem diferentes. Essa atividade de escolher as referências faz parte do processo de preparação do cenário. Ao reconhecer o tipo de referência que se está utilizando, o aluno assume uma vista privilegiada para olhar todo o cenário que está sendo proposto e, dessa forma, consegue atribuir significado a suas atividades.

Um cenário serve como um convite para que os alunos se envolvam em um processo de investigação. Contudo, um cenário somente se torna acessível se os alunos de fato aceitam o convite. As possibilidades de participar de um cenário para investigação dependem da qualidade das relações. Aceitar um convite depende da natureza do convite (a possibilidade de explorar e explicar assuntos de Matemática pura pode não ser muito atrativa para muitos alunos); depende do professor (um convite pode ser apresentado de várias formas e, para alguns alunos, um convite partindo do professor pode parecer uma ordem); e certamente depende dos alunos (eles podem ter outras prioridades no momento). O que poderia servir perfeitamente como cenário para investigação para certo grupo de alunos em uma situação particular talvez não interessasse a outro grupo de alunos. No projeto "Quanto se consegue preencher com jornal?", o convite não foi apresentado na forma de tarefas claras, mas não há dúvida que os alunos aceitaram o convite. Eles tentaram efetivamente aproximar-se dos possíveis propósitos da atividade e, quando precisaram, pareceram ávidos por assumir a responsabilidade e a propriedade do processo de investigação.

Há diferentes aspectos envolvidos no processo de mudança do paradigma de exercícios para os cenários para investigação. Os padrões de comunicação podem mudar e abrir-se para novos tipos de cooperação e para novas formas de aprendizagem. Vamos nos ater aos processos de investigação que podem acontecer nos cenários propostos. Em particular, estamos interessados na possibilidade de os alunos participarem ativamente do seu processo de aprendizado. Tanto o professor quanto os alunos podem ser acometidos por dúvidas quando chegam para trabalhar num cenário de investigação, sem a proteção de "regras" de funcionamento bem conhecidas do paradigma do exercício. Assim, deixar o paradigma do exercício significa também deixar uma zona de conforto e entrar numa zona de risco.[25]

Quais são os possíveis ganhos do trabalho numa zona de risco associada a um cenário para investigação? Vemos que isso está intimamente relacionado com o surgimento de novas possibilidades de envolvimento dos alunos, de padrões de comunicação diferentes e, consequentemente, novas qualidades de aprendizagem. Sugerimos o conceito de *investigação* para nos referirmos aos processos de exploração de um cenário para investigação.

Descobrimos que há dois elementos básicos que não podem ser ignorados ao realizar uma investigação. Um processo investigativo não pode ser uma atividade compulsória, ele pressupõe o envolvimento dos participantes. Além disso, ele deve ser um processo aberto. Resultados e conclusões não podem ser determinados de antemão. Em nossa caracterização de "ação" feita no Capítulo I, enfatizamos que uma ação não pode ser uma atividade compulsória. Ela pressupõe o envolvimento da pessoa que age e também certo grau de abertura. Assim, descobrimos que "aprendizagem como ação" e "aprendizagem como investigação" combinam muito bem.

Os alunos devem ser convidados para um cenário para investigação, a fim de se tornarem condutores e participantes ativos do processo de investigação. A noção de convite é importante.[26] Um convite pode ser aceito ou não ele não é uma ordem. Precisa ser feito em *cooperação investigativa*. Tal cooperação é de particular interesse para nós, uma vez que a vemos como parte essencial do desenvolvimento de certas qualidades de comunicação e de aprendizagem de Matemática. Uma cooperação investigativa é uma manifestação de algumas das possibilidades que surgem quando se entra em um cenário para investigação. Assim, nossa tarefa no restante deste

---

[25] A noção de zona de risco é apresentada e discutida por Penteado (2001).

[26] A noção de convite parece indicar que os cenários para investigação são construídos de antemão, e não juntamente com os alunos. Isso não precisa ser assim. De toda forma, a noção de convite permanece importante, na medida em que o processo de "fazer parte de" e de "aprender em" um cenário de investigação é contínuo. Fazer um convite pode querer dizer que os alunos e o professor prepararam ou identificaram um cenário juntos.

capítulo é descrever com mais detalhes algumas das qualidades de comunicação e aprendizado da cooperação investigativa.

Vamos apresentar esses detalhes no Modelo-CI. Depreendemos os elementos desse modelo com base em certa conversa que ocorreu entre um professor e um grupo de alunos. A noção de "modelo" é usada de forma neutra. O Modelo-CI não tenta prescrever um padrão de comunicação que nós recomendamos; de fato nós poderíamos ter falado em um Padrão de comunicação-CI. A identificação e a apresentação do modelo são baseadas numa conversa entre professor e alunos que ocorre num cenário para investigação, que, na melhor das hipóteses, pode ser enquadrado no tipo (4) referências a semirrealidades embora faça menção à bandeira da Dinamarca.

## "O que parece a bandeira da Dinamarca?"

A sequência que se segue é parte da introdução de um curso de aproximadamente doze aulas da 6ª série de uma escola dinamarquesa. Os alunos trabalham em grupos de 2 a 5 participantes. Eles precisam construir modelos das bandeiras europeias, cuidando para observar as proporções corretas das bandeiras, das faixas e das cruzes. Como introdução, os alunos são incentivados a fazer um modelo da bandeira da Dinamarca (ver Fig. 2.2) como lhes vem à cabeça. Posteriormente, os grupos devem questionar e comentar seus resultados e decidir qual modelo é mais parecido com a bandeira oficial. Acompanhamos essa atividade sem perder de vista a nossa intenção de construir o Modelo-CI. Assim, procuramos respostas preliminares para as seguintes questões: o que significa trabalhar de forma cooperativa em um cenário de investigação? Como essa cooperação se manifesta nos padrões de comunicação?

Figura 2.2 – A bandeira da Dinamarca

Alice e Débora cortaram umas faixas brancas para fazer uma cruz. Mas quando elas estavam a ponto de colocar a cruz sobre o papel vermelho, ficaram em dúvida como fazê-lo (ver também a Fig. 2.3). Elas pediram ajuda ao professor.[27]

## Estabelecer contato, perceber, reconhecer

Professor: Alice, todos concordam com essa largura? [Sobre o papel vermelho.] Vamos dizer que sim...

Alice: Sim.

Professor: ... para podermos ter algo para olhar.

Alice: Sim.

Professor: Podemos fazer algumas estimativas agora, não podemos? Como vocês colocariam isto [a cruz] aqui no meio?

Alice: Eu mediria.

Professor: ...se é que vocês acham que deve ser posto no meio. Vocês acham? Isso [a cruz branca] fica exatamente no meio ou um pouco mais para cima ou para baixo?

Débora: Um pouco mais pra cima.

Alice: Fica no meio.

Professor: OK, e como você colocaria certinho no meio?

Alice: Medindo.

Professor: Sim, mas... tá bom. Medir tá valendo. E como fazer isso?

Alice: Eu pegaria uma régua emprestada.

Professor: [Risadas.] Sim, OK.

Primeiramente, o professor sugere que eles usem o papel vermelho no tamanho original como bandeira, e Alice aceita a sugestão. Na medida em que eles falam a mesma língua eles estão *estabelecendo contato*.[28] O professor usa o pronome pessoal na primeira pessoa do

---

[27] A transcrição seguinte é uma sequência única, mas nós dividimos em partes menores para facilitar a apresentação do Modelo-CI.

[28] NT: O termo original em inglês é *getting in contact*, que também pode ser traduzido por fazer contato, contactar, abordar, estreitar relação, sintonizar.

plural para começo de conversa, o que indica que eles estão trabalhando conjuntamente.[29]

Ele muda sua forma de comunicação quando passa a se dirigir a elas como "vocês" na primeira questão: "Como vocês colocariam isso [a cruz] aqui no meio?". O professor já não faz parte da equipe, mas adota uma atitude curiosa em relação às alunas, tentando *perceber*[30] sua perspectiva. Alice propõe um método para resolver o problema: "Eu mediria", mas antes de ouvir essa sugestão, o professor corrige a si mesmo e pergunta de uma outra forma. Na sua primeira formulação, ele pressupunha que as alunas iriam colocar a cruz bem no meio, mas sua reformulação questiona esse pressuposto e permite outras perspectivas: "Vocês acham?". Interpretamos isso como uma maneira de o professor tentar perceber de forma apropriada a perspectiva das alunas a respeito do que seja posicionar a cruz sobre a bandeira.

Alice e Débora têm ideias diferentes a respeito de onde colocar a cruz, e o professor mostra-se seletivo ao ignorar a proposta de Débora e repetir a de Alice (será porque, no fundo, ele defende a mesma ideia?). Ele prossegue sua investigação sobre as ideias das alunas para resolver o problema: "Como você colocaria certinho no meio?". O professor tenta *reconhecer*[31] que procedimentos as alunas usariam. Com a palavra "certinho", o professor implicitamente salienta que o procedimento deve se basear em cálculos matemáticos, e não apenas na impressão visual.

Alice repete sua proposta de tentar medir, a qual é aceita pelo professor, mas que antes quer saber como Alice faria isso. Assim, o método apropriado poderia ser reconhecido. Embora Alice tenha uma providência de efeito prático em mente (pegar uma régua emprestada), o professor está na expectativa de que ela fale a respeito das contas que precisa fazer. A risada do professor indica que ele está consciente desse fato. No entanto, ele não quer desanimar Alice e dá sequência: "Sim, OK".

---

[29] O uso da primeira pessoa do plural também pode ser interpretado como o professor fingindo cooperar (plural majestático).

[30] NT: O termo original em inglês é *locating*, que pode ter o mesmo sentido que localizar, encontrar, observar, notar, identificar (não confundir com o elemento seguinte reconhecer ou *identifying*).

[31] NT: O termo original em inglês é *identifying*, cujo sentido pode ser expresso através de outros termos em português, como identificar ou conceitualizar.

## Posicionar-se, pensar alto, reformular

Após Alice ter arranjado uma régua, ela passa a *posicionar-se*[32] em defesa de sua sugestão para que eles façam medidas. Ela faz a proposta de forma aberta ("Eu mediria") sem excluir outras possibilidades:

Alice: ... e, então, eu mediria isto aqui.

Professor:[apontando] primeiro, você mede a largura da folha vermelha, em seguida, você mede a largura da fita branca, e, depois, o que fazer?

Alice: Aqui está... 22,4. [A largura da folha vermelha]

Professor:22 1/2 ou 22,4?

Alice: 22,4.

Professor:Sim, e esse aqui é...? [A largura da fita branca.]

Alice: É 5 1/2. Não! Agora sim, é 5,4.

Professor:5,4. OK. E agora, que fazemos?

Alice: Metade de 22,4 dá quanto? 11,2. [Débora interrompe.]

Débora: ... agora, a gente tem que achar o meio.

Alice: Sim, temos que achar o meio.

Professor:Certo, mas quando vocês colocam isso [a cruz branca] bem no meio, vocês já não conseguem mais ver a marca na metade da folha.

Alice: Ah, mas é fácil resolver fazendo o risco um pouquinho mais para fora [do papel].

Professor:Entendo. OK.

Alice: Não é pra ser uma coisa tão difícil.

Alice está prestes a medir as larguras do papel vermelho e da fita branca usada na cruz. O professor reafirma com outra formulação a ação proposta por ela usando termos vagos ("...isto aqui"; o professor reformula com "largura do papel vermelho" e "largura da fita branca"). O professor continua buscando entender o procedimento imaginado por Alice, como pode se perceber através das suas insistentes perguntas: "...e, depois, o que fazer?", "E agora, o que fazemos?". Ao

---

[32] NT: O termo original em inglês é *advocating*, que pode ser traduzido como assumir uma posição, defender uma posição, argumentar, advogar.

longo desse trecho, Alice pensa alto: "É 5 1/2. Não! Agora sim, é 5,4" e "Metade de 22,4 dá quanto? 11,2". Esses pensamentos murmurados por Alice mostram que ela prosseguiu na resolução do problema antes mesmo de responder à pergunta do professor sobre o que fazer em seguida. Deve ser por isso que Débora interrompe para confirmar o algoritmo: "... agora, a gente tem que achar o meio" (ver Fig. 2.3).

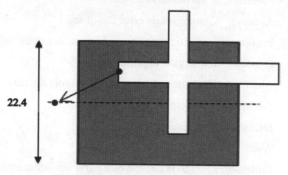

Figura 2.3 – Colocação das fitas

Nesse momento, o professor argumenta que elas não vão poder ver a marca que elas mesmas fizeram no meio do papel, o que significa que a cruz pode ficar um pouco fora do lugar. Mas Alice também tem solução para esse problema: ela coloca a marca fora do papel de modo a poder vê-la mesmo com a cruz por cima do papel vermelho. Ela se empolga com a ideia e o professor incentiva: "Entendo. OK.", embora isso signifique deixar de lado a procura por um procedimento matematicamente definido.

Essa história poderia terminar aqui. As alunas perceberam o problema, reconhecendo um algoritmo após terem *pensado alto*[33] e *reformulado*, e chegaram a um resultado. O trabalho está pronto. Mas o professor quer que elas tentem reconhecer um procedimento específico para colocar as fitas.

### Entreato: desafiar e fazer um jogo-de-perguntas

        Professor: Vejam bem. Vocês não poderiam, em vez disso,... calcular o comprimento de vermelho [apontando o papel] que

---

[33] NT: O termo original em inglês para "pensar alto" é *thinking aloud*.

deveria ficar acima da cruz? Quanto deveria ser, se a folha completa mede 22 vírgulaaa... [Alice interrompe.]

Alice: Este aqui é 5 1/2.

Professor: Este era 5 1/2, e esse era 22 1/2, não era?

Alice: Sim.

Professor: ... aproximadamente.

Alice: Quanto mede este? É... [3 seg.]

Professor: Sim, é o professor de Matemática querendo saber.

Débora: É 8 vírgula alguma coisa.

Alice: Não, com certeza não é 8 vírgula alguma coisa, é...

Professor: É o mesmo que 22 menos 5.

Débora; Sim, isso mesmo.

Alice: Dá 17.

Professor: Quanto fica então esta parte vermelha aqui em cima?

Alice: Vai dar...

Débora: É só calcular a metade.

Alice: Vai dar a metade de 5 1/2.

Débora: Não, a metade de 17.

Professor: A metade de 17, certo?

O professor *desafia* as alunas ao propor outro algoritmo: "Vocês não poderiam, em vez disso,... calcular o comprimento de vermelho em cima da cruz?". Ele quer que alunas achem a medida que levaria a cruz a ficar exatamente no meio do papel. A formulação do professor é feita propositadamente numa forma hipotética para que, a princípio, fique a cargo das alunas a decisão final sobre adotá-la ou não. No entanto, nesse trecho acontece uma mudança radical no caráter da conversa. Era um diálogo aberto no qual o professor queria saber a perspectiva das alunas a respeito do problema, e passa a ser um padrão de *jogo-de-perguntas*, no qual as alunas têm de adivinhar o que o professor tem em mente. O professor está ciente disso, como deixa claro na fala: "Sim, é o professor de matemática querendo saber".

Obviamente, o professor quer que as alunas subtraiam 5,5 de 22,5 e dividam o resultado por 2 para obter o tamanho dos quadrados vermelhos de cada lado da faixa branca. Débora parece captar essa intenção mais rapidamente que Alice, como se vê na rejeição que Alice faz à sugestão de Débora ("É 8 vírgula alguma coisa"). O professor apresenta o algoritmo passo a passo: "É o mesmo que 22 menos 5" e "Quanto fica essa parte vermelha aqui em cima?". Débora explica o algoritmo para Alice: "É só calcular a metade.", mas Alice não parece acompanhar seu raciocínio. Em vez disso, ela quer calcular metade de 5 1/2. Não chegamos a saber as razões de cada aluna para essa divergência. O professor, mais uma vez, passa a ser seletivo e enfatiza a posição de Débora.

Nessa parte, as perguntas do professor não visam ao esclarecimento das perspectivas das alunas. Ele quer que as alunas entendam um caminho particular. Ele já conhece a resposta para as perguntas que faz. Nesse procedimento passo a passo, o professor tenta mostrar uma ideia de procedimento. Acompanhar a perspectiva do professor parece difícil para Alice e isso faz com que o seu envolvimento na tarefa desapareça; pelo menos, essa é a impressão que temos. Demos o nome de entreato a esse trecho porque o jogo-de-perguntas interrompe o processo de investigação, ainda que leve ao reconhecimento de um procedimento. Ou não? Na sequência, o professor muda sua forma de comunicação mais uma vez.

### Desafiar[34]

Débora: Nós não medimos na outra direção, medimos?

Alice: Claro que não,... quanto é a metade de 5 1/2?

Débora: Que diabos você está fazendo?

Alice: É 2,75.

Professor: Isso mesmo.

Alice: Então você tem que subtrair 2,75 de 17. Isso dá... 15 vírgula alguma coisa.

Professor: 15 vírgula alguma coisa, está certo. [Rindo]

Alice: Mas 15 o quê?

Professor: Pra que você vai usar isso, esses 15?

---

[34] NT: O termo original em inglês é *challenging*, que pode ser traduzido também por provocar.

Alice: Daí eu mediria daqui pra baixo...

Professor: ...você quer descer até 15 e colocar tudinho [a cruz] no fundo. Eu já volto. Experimentem fazer e depois vocês me dizem o que conseguiram.

O que é evidente no trecho acima é que as alunas retomaram a condução do processo. Alice não consegue desistir da ideia de dividir 5 1/2 por 2 e é *desafiada* por Débora: "Que diabos você está fazendo?". Não há uma perspectiva comum sobre como proceder. Débora tem em vista dividir 17 por 2, enquanto Alice quer fazer o mesmo com 5 1/2. Ambas ações fazem sentido, mas como parte de abordagens diferentes. Alice prossegue buscando uma resposta para a pergunta que ela mesma fez e o professor deixa, embora não esteja claro aonde ela quer chegar subtraindo 2,75 de 17. Ele não interrompe a busca da aluna, até que, no desenrolar dos acontecimentos, ela faz uma proposta delicada: "15 vírgula alguma coisa". O professor *desafia* sua perspectiva (não o resultado de suas contas): "Pra que você vai usar isso, esses 15?". Alice sugere medir a partir do topo da folha de papel, mas o professor a desafia de novo ao apontar (ironicamente) que isso deixaria a cruz na parte de baixo da bandeira. O professor se afasta por um período, e as alunas têm uma oportunidade para examinar algumas posições por si mesmas.

## Avaliar

Não sabemos o que se passou entre as alunas enquanto o professor esteve ausente.[35] Mas, assim que ele voltou alguns minutos depois, elas tinham chegado a um algoritmo e a uma solução.

Professor: Pronto Alice, resolveu alguma coisa?

Alice: Sim.

Professor: Como lidou com o problema?

Débora: Nós medimos 8 $^1/_2$ pra baixo e 8 1/2 pra baixo.

Alice: A metade de 17.

---

[35] O microfone ligado ao gravador estava preso no professor. O som gravado no vídeo não tem a qualidade suficiente para que pudéssemos capturar o diálogo entre Alice e Débora.

Professor: Certo, 17, é a diferença entre o papel vermelho e a faixa branca, não é isso?

Alice: Não, metade da folha vermelha.

Professor: Metade da folha vermelha, depois que você tirou a faixa branca, certo?

Alice: Sim, metade de 17, que dá 8 1/2.

Professor: Certo.

Alice: Aí a gente mediu 8 1/2 da borda pro centro e marcamos aqui.

Professor: Muito bem.

Alice: Aí a gente mediu 8 1/2 da borda pro centro aqui também.

Professor: Está certo. E a ideia dos 15 e poucos... desistiu?

Débora: Sim, porque se mostrou errada.

Professor: OK.

O professor pergunta sobre os métodos das alunas: "Como lidou com o problema?". A ideia de Débora foi usada: medir 8 1/2 começando do topo de papel vermelho, e Alice ressaltou sua participação no processo, reafirmando que 8 1/2 é metade de 17. O professor *avalia* o trabalho das alunas com respostas como: "Muito bem" e "Certo". No final, ele quer saber o que virou da proposta dos 15. "E a ideia dos 15 e poucos... desistiu?" que foi respondida por Débora: "Sim, porque se mostrou errada". Obviamente, o professor poderia ter prosseguido nas perguntas sobre a proposta dos 15 para saber como as alunas identificaram o erro que ela continha. Teria sido interessante observar o processo de cooperação entre elas para descobrir como encontraram outro algoritmo no final das contas. O fato é que elas chegaram a uma resposta através da reflexão e da ação baseadas em suas próprias perspectivas.

## Modelo de cooperação investigativa

Em nossos comentários sobre "O que parece a bandeira da Dinamarca?" enfatizamos os elementos: estabelecer contato, perceber, reconhecer, posicionar-se, pensar alto, reformular, desafiar e avaliar.

Esses elementos estão reunidos no Modelo-CI (ver Fig. 2.4). A seguir, iremos propor que o Modelo-CI é constituído por atos de comunicação entre professor e alunos, que podem favorecer a aprendizagem de maneira peculiar.

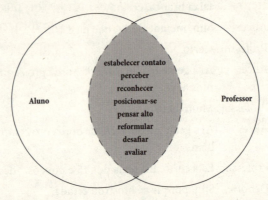

Figura 2.4 – O Modelo de Cooperação Investigativa

Uma característica básica da comunicação prevista no Modelo-CI é a escuta ativa: "Ela é chamada 'ativa' porque o ouvinte tem responsabilidade bem definida. Ele não absorve passivamente as palavras que são emitidas. Ele tenta entender os fatos e os sentimentos contidos naquilo que ouve, ativamente, e tenta ajudar quem fala a externar os seus problemas" (ROGERS; FARSON, 1969, p. 481). Escuta ativa significa fazer perguntas e dar apoio não verbal ao mesmo tempo em que tenta descobrir o que se passa com o outro. Escuta ativa significa que professor e alunos estabeleceram contato. O termo *estabelecer contato* quer dizer mais do que simplesmente o professor chamar a atenção. "Estabelecer contato" significa sintonizar um no outro para começar a cooperação. Essa é a primeira condição da investigação mútua. Após estabelecer uma atenção mútua, o professor pode *perceber* a perspectiva do aluno, examinando, por exemplo, como ele entende certo problema. Naturalmente, várias perspectivas possíveis e diferentes formas de abordagem de uma tarefa ou problema podem ser percebidas. Talvez seja difícil para o aluno expressar sua ideia matematicamente, ou, em geral, expressar a perspectiva que ele quer estabelecer para o problema. O professor pode atuar como um facilitador ao fazer perguntas com uma postura investigativa, tentando conhecer a forma com que o aluno interpreta o problema. Quando o aluno torna-se apto a expressar-se em sua própria perspectiva, então ela pode ser *reconhecida* em termos matemáticos, não somente pelo professor, mas também pelo aluno. Assim, o processo de reconhecimento fornece recursos para investigações posteriores. Naturalmente, o processo pode ter o efeito inverso, no qual os alunos tentam reconhecer a perspectiva do professor.

*Posicionar-se* significa levantar ideias e pontos de vistas não como verdades absolutas, mas como algo que pode ser examinado.[36] Um exame pode levar a reconsideração das perspectivas ou a novas investigações. Defender posições significa propor argumentos em favor de um ponto de vista, mas não a ponto de bater pé firme a qualquer custo. Pode-se defender posições *pensando alto*. Muitas perspectivas podem vir a se tornar conhecidas de todos quando se pensa alto, já que ganham visibilidade na parte mais tangível da comunicação. Isso significa que elas passam a poder ser investigadas. O professor pode ajudar a esclarecer perspectivas dos alunos ao *reformulá-las*. Por exemplo, o professor pode reformular as perspectivas para ter certeza que entendeu o que os alunos dizem. Reformulação pode ser feita, obviamente, pelos alunos também, para confirmarem seu entendimento da perspectiva do professor. Dessa forma, pode-se esclarecer tanto a perspectiva do professor quanto a do aluno a fim que não haja mal-entendidos. É essencial que os alunos tenham a oportunidade de reformular as afirmações do professor. Esse é um processo que se busca um entendimento comum sobre o problema.

Esclarecer perspectivas é uma precondição para que se possa *desafiar* de forma "qualificada". O professor pode fazer o papel de oponente tanto quanto o de parceiro. O importante é que o professor saiba exercer os dois a ponto de reforçar a autoconfiança do aluno. O desafio deve estar à altura do entendimento do aluno nem mais

---

[36] Ver Isaacs (1999a).

nem menos.[37] Padrões de comunicação bem distintos podem surgir, se o desafio se tornar um jogo-de-respostas. Além disso, é importante que o professor também esteja pronto para ser desafiado. Fazer desafios pode acontecer em ambas as direções.

*Avaliar* as perspectivas do professor e do aluno faz parte do processo investigativo. Eles enxergam o mesmo problema? Eles encaram o problema com base no mesmo ponto de vista? Eles tentam resolvê-lo da mesma forma? Mal-entendidos e outras discrepâncias podem acontecer abertamente na comunicação professor-aluno. Por exemplo, os participantes podem perceber que a perspectiva do professor está relacionada com uma análise geral do problema, ao passo que o aluno pensa no problema como algo concreto e prático. O objetivo não é estabelecer uma perspectiva "correta", mas chegar a um propósito comum para o processo de investigação. Isso não quer dizer que "tudo está certo". A questão de que está "certo" ou "errado" não pode prevalecer no processo de investigação. Nessas bases, aluno e professor podem avaliar suas perspectivas e talvez até discutir o que o aluno aprendeu ao receber e responder desafios.

O Modelo-CI comporta diversos atos de comunicação, que favorecem um padrão de cooperação entre professor e alunos no qual as perspectivas do aluno desempenham papel essencial. A cooperação pode ser facilitada por cenários para investigação. Os alunos não podem ser obrigados a participar e a cooperar. A cooperação investigativa envolve ações que descrevemos em termos de atos de comunicação. A viabilidade de realização de atos como esses depende do grau de incorporação das perspectivas dos alunos no processo.

Um motivo para examinar as perspectivas dos alunos numa aula de matemática é que elas podem ser consideradas importantes instrumentos de aprendizagem. Examiná-las não somente auxilia o professor a conhecer o modo de pensar dos alunos, mas também traz aos alunos maior consciência da sua própria maneira de agir em sala de aula. O ponto importante é que as perspectivas dos alunos, e não a explanação do professor, podem ser o ponto de partida para uma cooperação investigativa. Dito de forma mais abrangente: os

---

[37] "A diferença que faz a diferença", como proposto por Batenson (1972).

atos de comunicação inclusos no Modelo-CI trazem os alunos e suas perspectivas para o centro do palco do processo educativo. Novos instrumentos de aprendizagem passam a estar disponíveis, e novas qualidades de aprendizagem tornam-se possíveis.

## Obstáculos à cooperação investigativa (deixando um cenário para investigação)

Se acreditamos que dar atenção às perspectivas dos alunos é uma conduta natural de um professor em sala de aula, devemos esperar que isso se confirme em pesquisas empíricas realizadas sobre o tema. No entanto, nossas observações, voltadas em grande parte para o ensino tradicional, não reforçam essa tese. A estrutura de comunicação entre professor e aluno (assim como entre alunos) que predomina é a do jogo-de-perguntas, do explicar-o-jeito-certo-de-fazer e do corrigir erros. Queremos ressaltar aqui que nossa interpretação do conceito de cooperação investigativa é de caráter amplo. Ao descrever o conceito, elencamos padrões de comunicação, mas não queremos deixar a impressão que seja obrigatória a presença de todos eles, nem a sequência em que surgem. Em vez disso, entendemos o Modelo-CI como uma característica de uma cooperação comunicativa, na qual esses elementos (ou alguns deles), explícita ou implicitamente, estão associados. Foram poucos casos na escola tradicional em que identificamos um Modelo-CI integralmente desenvolvido. Algumas vezes, pudemos identificar minimodelos-CI; mas o fenômeno mais frequente é o do Modelo-CI-degenerado. Vimos situações em que a cooperação investigativa mal conseguia ter início, e já se tornava um tanto dispersa para, gradualmente, esvaziar-se.

Percebemos vários padrões de degeneração do Modelo-CI. Por exemplo, numa cooperação investigativa, não é apenas o padrão *desafiar*, que se pode degenerar numa forma de jogo-de-perguntas como foi mostrado no exemplo da bandeira da Dinamarca, em que o professor queria induzir as alunas a proceder de uma determinada maneira, na colocação da cruz sobre o fundo vermelho. Contudo, a cooperação investigativa pode ser obstaculizada de muitas outras formas.

Por exemplo, a cooperação investigativa pode ser comprometida pelo cronograma: "Lamento, mas não temos mais tempo. Faça desse jeito, ou daquele...". A cooperação investigativa dá lugar ao discurso da burocracia. A causa disso pode ser a obrigação que o professor sente de cumprir o programa curricular. A influência da "lógica escolar" pode se fazer sentir em cada aula e em cada ato de comunicação, e de diferentes maneiras. Se os estudantes precisam passar num exame de fim de ano, o professor se sente obrigado a garantir que os alunos desenvolveram as habilidades matemáticas que são motivo do exame. Um processo de cooperação investigativa bem conduzido pode parecer consumir tanto tempo que precisaria ser interrompido. Certo tipo de autocensura por parte do professor pode obstaculizar a cooperação investigativa.

Podemos elencar vários motivos para que o professor *não* tente perceber as perspectivas dos alunos e *não* as use como instrumento de aprendizagem. Um dos motivos, como já foi dito, é que explorar as perspectivas individuais dos alunos toma tempo. Isso implica executar outras atividades previstas de forma corrida. Em decorrência disso, o professor, que tem a incumbência de atender não somente os alunos ávidos por mostrarem suas perspectivas, mas também a comunidade escolar como um todo, opta por ignorar as perspectivas dos alunos. Outra razão para não atentar para as perspectivas dos alunos é presumir que elas não existem ou, dito em outros termos, que não vale a pena discuti-las.

Obstáculos à cooperação investigativa não podem ser interpretados simplesmente como obstáculos interpostos pelo professor. É importante ter ciência de que os alunos vêm à sala de aula conhecedores de certo discurso escolar que influencia suas expectativas e antevisões sobre as atividades a serem desempenhadas em sala de aula. Por exemplo, alunos costumam esperar que o professor apresente o conteúdo que quer que eles apreendam. Eles não vão propor ideias próprias porque esperam ser comandados e avaliados pelo professor. Eles não querem a responsabilidade de ter que fazer contribuições. O professor sempre termina apresentando a resposta certa ou o jeito certo de fazer.[38] Essa predefinição do que professor e aluno devem

---

[38] Ver Voigt (1989, p. 31).

fazer em sala de aula impede o professor de realizar uma cooperação investigativa. A autocensura do aluno, por outro lado, também pode obstacular a cooperação investigativa. O aluno pode ter uma ideia de como tratar certo problema, mas ele prefere não fazer menção a ela na presença do professor. O aluno quer evitar alguma exposição causada pelo ato de fazer uma sugestão (talvez ruim) em público, o que pode acabar com a boa impressão que o professor faz dele. Em lugar de dar início a uma cooperação investigativa, o aluno opta por se comportar de um modo convencional.

A última ressalva que gostaríamos de fazer com respeito à cooperação investigativa é que os atos de comunicação inerentes ao Modelo-CI exigem dos alunos determinadas habilidades verbais. Estudantes que se expressam com interesse e desenvoltura podem ser favorecidos em detrimento de outros, por exemplo, aqueles que são mais empenhados, mas ficam calados, e terminam por desenvolver seu interesse pela Matemática em isolamento.

Esses aspectos ilustram algumas das dificuldades de uma Educação Matemática baseada em investigação e alguns dos riscos envolvidos na realização de um cenário para investigação. Não é uma tarefa simples realizar uma cooperação investigativa. No entanto, abandonar o paradigma do exercício para adotar os cenários para investigação pode fazer com que padrões de comunicação como aqueles previstos no Modelo-CI sejam uma realidade em sala de aula. Consideramos que esse é um passo importante a ser dado, pois conduz a uma significativa mudança de ambiente de aprendizagem. O Modelo-CI representa não somente qualidades de comunicação, mas também se constitui em importante instrumento de aprendizagem. Novas qualidades de aprendizagem tornam-se possíveis quando novas possibilidades de comunicação tornam-se presentes. Por isso, queremos examinar mais de perto os elementos do Modelo-CI.

Capítulo III

# Desdobramento do modelo de cooperação investigativa

O Modelo-CI foi desenvolvido com vistas a um tipo particular de comunicação que ocorre entre professor e um grupo de alunos. Os elementos-chave do modelo são: *estabelecer contato, perceber, reconhecer, posicionar-se, pensar alto, reformular, desafiar e avaliar.* No presente capítulo, vamos rever esses elementos a partir da cooperação investigativa que ocorre entre alunos.

Nossa análise se volta para certo tipo de trabalho em equipe que contém elementos de investigação, ainda não descritos, relacionados com as ideias do Modelo-CI. No final do presente capítulo, vamos sistematizar esses elementos a fim de ampliar o alcance do Modelo-CI para além da comunicação professor-aluno, de modo que ele se torne um modelo geral para a cooperação investigativa no ensino e na aprendizagem de matemática que buscam estimular práticas de comunicação investigativas. Essa análise comporta uma discussão sobre padrões de comunicação que obstaculizam a cooperação investigativa.

## *"Raquetes & Cia."*

Os acontecimentos se passam em uma classe da última série da escola básica na Dinamarca.[39] Essa semana os alunos têm aulas

---

[39] NT: A idade prevista para os alunos da última série da escola básica na Dinamarca é de 16 anos.

de Matemática todos os dias, das 10 às 12 horas. Nessa escola, é possível agendar previamente esquemas alternativos de horário, e os alunos parecem já estar acostumados a isso. Acompanhamos um curso investigativo que adota uma dinâmica de trabalho em grupos caracterizada por uma atuação diferenciada do professor: ele assume o papel de consultor. Não há exercícios prontos e preparados que são apresentados aos alunos. Em vez disso, o professor introduz os alunos em um cenário para investigação com vistas privilegiadas que possibilitam aos estudantes levantar questões e resolver problemas, sempre com um enfoque matemático. Espera-se que os alunos sejam capazes de propor atividades a ser exploradas no cenário. É claro que não se pretende, com isso, que eles terminem por fazer trabalhos elementares que não apresentam qualquer nível de dificuldade ou desafio. O cenário para investigação em questão faz referência a uma semirrealidade, mas há algumas referências ao mundo real também.

A classe deve fazer de conta que todos eles fazem parte da divisão dinamarquesa de uma fábrica de material esportivo de origem americana chamada *"Run For Your Life"*. Todos os dias, eles são notificados sobre acontecimentos fictícios e recebem pedidos a ser atendidos. No primeiro dia, chega a notícia: "Para a próxima campanha promocional, nós precisamos produzir muitas bolas. Temos 25 m$^2$ de couro preto e 25 m$^2$ de couro branco em estoque...". Um carrinho cheio de bolas de todos os tipos é colocado no "galpão" (isto é, a sala de aula). Cartolina, tesouras e cola também estão disponíveis. Alguns alunos começam a examinar bolas de futebol e handebol. Cada uma tem 12 pentágonos e 20 hexágonos. De que forma a fábrica pode começar a produção? Mais tarde chega um fax: "Nosso ginásio de esportes pegou fogo. Precisamos de pisos para quadras de handebol, basquete, *badminton* e vôlei. Por favor, nos ajudem!" Há muito trabalho "sério" a ser feito (e muita "diversão" também). Os alunos dividem tarefas, trabalham duro e fazem muitos cálculos.

Um pedido em especial vem da "Raquetes & Cia." A empresa precisa de raquetes de tênis de mesa. O preço não deve ultrapassar as 89 coroas dinamarquesas, mas a divisão dinamarquesa da *"Run For Your Life"* não tem estoque de raquetes com esse preço. O fabricante sueco está vendendo a unidade por 70 coroas suecas. Esse preço não leva em conta as taxas de frete e seguro, que são estimadas em 1,5 %. Há informações de que a taxa de câmbio entre a coroa dinamarquesa e a sueca seja de 82,14; outra fonte informa outro valor: 81,29. Impostos são 8%, e o lucro esperado é de 25%. Por fim, na Dinamarca existe uma taxa chamada VAT (*Value Added Tax* Taxa de Valor Adicionado), que vale 25%. Como já foi dito, "Raquetes & Cia." quer pagar somente 89 coroas dinamarquesas por raquete. Como resolver essa situação? Vamos ver como uma dupla de alunos se saiu nessa tarefa e como o professor tentou favorecer o desenrolar da atividade.

Maria e André fazem parte de um dos grupos. Eles foram até um computador e criaram uma planilha eletrônica para resolver o problema. Eles batalharam muito e mantiveram-se concentrados na tarefa durante as duas horas de aula, sem interrupções.[40] Uma ou outra vez o professor interrompia e desafiava os alunos. O "galpão" estava muito barulhento, consequência da atividade dos outros "operários", mas Maria e André não se incomodaram com isso, nem mesmo quando outros membros do grupo tentavam interferir no que eles estavam fazendo.[41] Nesse dia em particular, haveria uma excursão que deveria sair logo depois da aula, mas Maria e André prosseguiram trabalhando mesmo depois que o professor encerrou a aula (não há sirene nessa escola). Eles ficaram sozinhos na sala terminando a planilha.[42]

Passado um tempo, eles perceberam que deviam parar para se juntar aos demais. Maria: "Bom, que tal pararmos?". André: "Boa ideia, mas nós vamos salvar, não vamos?". Maria: "Claro, ficou muito interessante, fomos muito espertos, hein?". Ao deixar a sala, Maria não

---

[40] Isso é particularmente notável no caso de André, que é considerado um aluno problemático por parte de muitos professores. Ele não participou muito nos primeiros dias do projeto, mas, antes da aula em tela começar, o professor de Matemática, com quem ele mantém uma relação respeitosa, pediu gentilmente que ele se empenhasse e demonstrasse sua capacidade. O professor confia em André e sua ideia era desafiá-lo trazendo o computador para a sala de aula.

[41] O barulho das vozes ao redor dos alunos atrapalhou as gravações, e muitas passagens ficaram incompreensíveis. Por isso, aparecem [ic]'s nas transcrições.

[42] Mostramos e analisamos o curso inteiro, mas alguns trechos foram omitidos nas transcrições a seguir.

esconde o rosto levemente ruborizado ao se dirigir para o professor: *"Hoje foi pra valer! Hoje nós aprendemos alguma coisa!"*.

## Preços em coroas dinamarquesas

Maria e André nunca tinham trabalhado juntos em um mesmo grupo, mas eles parecem entusiasmados com o que estão prestes a fazer. Eles começam tentando preparar uma planilha eletrônica com as informações passadas pelo professor no início da aula.[43] Eles começam com o preço de custo do fornecedor, *C1*, que é de 70 coroas suecas para cada raquete. Em seguida, eles adicionam o frete e o seguro, que é 1,5 % do preço de custo. Eles criam a fórmula $C2 = C1 + 0,015C1$. O próximo passo é a conversão para coroa dinamarquesa.

> Maria: OK, olha que tem que levar em conta a taxa de câmbio para que as contas saiam todas em coroa dinamarquesa, certo?
>
> André: Certo... [olha para a tela do computador] Taxa de câmbio, então a gente escreve a taxa aqui, concorda?
>
> Maria: Não, a gente escreve 70 [o preço original em coroas suecas] e adiciona a taxa, não é isso?
>
> André: Mas, como seria se a taxa fosse outra, em vez de 70 coroas?
>
> Maria: Aí a gente escreveria esse quadrinho mais a taxa, suponho eu?

---

[43] Maria e André vão utilizar, a princípio, o seguinte esquema de fórmulas:

*C1* (preço original)

$C2 = C1 + 0,015\ C1$ (adiciona frete e seguro)

$C3 = 0,8129\ C2$ (converte para coroa dinamarquesa)

$C4 = C3 + 0,08\ C3$ (adiciona os impostos)

$C5 = C4 + 0,25\ C4$ (adiciona o lucro)

$C6 = C5 + 0,25\ C5$ (adiciona a VAT)

Nosso esquema de numeração é um pouco mais simplificado do que o de Maria e André. A comunicação é repleta de referências ao computador, que desempenha papel central no contexto e dá significado a uma série de características da comunicação como dixis, apontamentos, expressões faciais etc. Esses significados podem ser (facilmente) entendidos pelos alunos no momento da conversação, mas precisam ser explicados quando mencionados em outro contexto.

André: Mas temos que... temos que escrever a taxa, não devemos... não devemos escrever nada no quadrinho.

Maria: Não?

André: Pelo menos eu não entendi assim. [4 seg.] Fica escrito aí para... [4 seg.] Fica escrito aí para gente poder mudar a taxa. De outra forma, não daria... Bom, nós podemos fazer, mas aí vai precisar inserir na fórmula, certo?

Maria: Sim, é o que eu tinha pensado.

André: Mas isso pode dar problema, se a gente tiver que mudar a taxa e não houver um lugar onde digitá-la.

Maria: Aqui nem mesmo faz menção ao valor da taxa, diz outra coisa...

André: ... é o valor da taxa.

Maria: Não.

André: Sim, é 14.

Maria: Isso não é a taxa.

André: É sim, porque senão não seria taxa de câmbio.

Maria: Não é pra somar com esse aqui?... Não dá pra acreditar que 100 coroas suecas valem só 72 ou 82.

André: É o que diz aqui: 82.14.

Maria: Cristo, mas é tão pouco? Tudo bem, parece estar certo então. [4 seg.] Mas e essas 82 coroas aqui em baixo?

André: É outro... algo como... 98-11-09. Faz 3 dias que foi calculado, entende? [4 seg.] Mikael [o professor]... tem duas taxas diferentes aqui. [Aponta o papel.] E agora?... esta [aponta o papel] ou esta...?

Nesse trecho, Maria e André discutem a respeito da taxa de câmbio, de como aplicá-la na planilha e do que fazer com o preço original em coroas suecas. Eles formulam diversas *questões para serem investigadas*, o que indica que estão interessados em perceber as perspectivas um do outro ou perceber possíveis perspectivas que possam esclarecer como converter as moedas. Algumas questões são formuladas como sentenças afirmativas com uma *tag question*[44] no final.

---

[44] NT: *Tag question* é um recurso presente em alguns idiomas, como o inglês e o dinamarquês,

Maria toma a frente e coloca o assunto em pauta: "OK, e tem que levar em conta a taxa de câmbio para poder calcular tudo em coroa dinamarquesa, certo?". Ela termina a frase com uma *tag question* ("certo?"). Tais perguntas podem ser vistas como uma forma de *estabelecer contato*. Elas servem, também, como convite para a cooperação. *Tag questions* podem fazer parte do repertório pessoal de recursos linguísticos ou podem vir como herança cultural da comunidade a que pertence o indivíduo. Os dois alunos que acompanhamos fazem uso extensivo de *tag questions*, não se sabe por qual razão. Por exemplo, logo de início, André concorda com uma proposta colocada por Maria e, em seguida, emprega uma *tag question*: "Certo... Taxa de câmbio, então a gente escreve a taxa aqui, *concorda*?" Dessa vez Maria faz uma objeção à proposta de André e sugere embutir a taxa de câmbio na própria fórmula. André, por sua vez, *desafia* (mas não rejeita) a sugestão, fazendo uma pergunta hipotética: "*Como seria se* a taxa fosse outra, em vez de 70 coroas? (Como 70 coroas não se referem à taxa de câmbio, essa frase apresenta um pequeno erro de formulação. Como esse fato particular, porém, não é mais mencionado na conversa e não vem a causar maiores problemas, não tem muita importância.) Entendemos que isso é uma forma aberta e investigativa de buscar um entendimento. Maria continua com uma sugestão hipotética: "Aí a gente escreve esse quadrinho mais a taxa, *suponho eu?*". *Formular questões hipotéticas* pode ser visto como uma atitude de curiosidade, como uma abertura e uma predisposição a explorar possibilidades em oposição a um cômodo alheamento ao debate ou a uma indiferença a outros pontos de vista.

André argumenta que eles apenas têm que escrever a taxa, divergindo da proposta de Maria, mas ela, como vimos, insiste em sua postura interrogativa: "Não?". Em vez de simplesmente ignorar a proposição de Maria, André defende uma posição: "Pelo menos eu não entendi assim". Ele expõe seus argumentos não como uma verdade absoluta, mas como algo suscetível de um exame. Isso pode ser deduzido também a partir das pausas na sua fala. Ele age respeitosamente em relação à posição de

---

que permite enfatizar o tom interrogativo de uma sentença através de um pergunta curta no final da frase.

Maria e à sua própria posição. Consideramos que tal conduta é essencial para a consolidação de um processo de investigação duradouro. Maria concorda com o argumento de André: "Sim, é o que eu tinha pensado", e André dá prosseguimento à sua demanda para que eles deixem um espaço (célula da planilha) para anotar a taxa de câmbio corrente. Esse trecho pode ser visto como os alunos *posicionando-se* e defendendo seus pontos de vista ao mesmo tempo em que preservam certa abertura para questionamentos a respeito de suas próprias contribuições.

Eles tentam achar a informação sobre o valor da moeda estrangeira, e Maria demonstra ter alguma dificuldade, uma vez que a coroa sueca lhe parece demasiado barata: "Não dá pra acreditar que 100 coroas suecas valem 72 ou 82. [...] Cristo, mas é tão pouco?". Os alunos não estão executando as tarefas considerando apenas a semirrealidade montada; eles estão levando em conta também referências do mundo real. A taxa de câmbio seria mesmo tão baixa? Maria se conforma com isso e segue em frente em sua análise: "Tudo bem, parece estar certo então". Ela não para de fazer perguntas investigativas, e André não para de respondê-las e propor desafios. Então, ele percebe duas taxas de câmbio diferentes, correspondentes a datas separadas entre si por um intervalo de três dias. Eles procuram o professor, que não responde diretamente, e eles passam a usar as duas.

Terminada a parte da taxa de câmbio, eles têm de preparar a planilha para fazer a conversão para coroas dinamarquesas.

> Maria: Digite *C2*.
>
> André: *C2*?
>
> Maria: Mais...
>
> André: Ôpa, [...] não é "mais", certo?
>
> Maria: É sim.
>
> André: Não, a gente multiplica por uma das porcentagens, certo?
>
> Maria: Mas então temos que transformar a porcentagem em fração porque esse valor é para 100 coroas. Precisa converter para uma coroa [...] para uma coroa certo? Dá 0,82, ou 0,8125.
>
> André: E é isso que a gente tem que usar como valor da taxa, não é?

Maria: Sim. Então, vamos usar essa.

André:Podemos escrever as contas que vêm primeiro. *C2* dividido por 100, já dividimos isto aqui [4 seg.] até 100 [ic]

Maria: E aí multiplica pela porcentagem, ou o quê? O valor é 81,0...

André:Não multiplica, não. Não é para multiplicar pela porcentagem.

Maria: Claro que sim, multiplica pela porcentagem, certo? Ah, não! Bem...

André:Sim.

Maria: Claro, está certo, sim, está certo, deu zero porque não tem nenhuma taxa de câmbio.

André:Bem, se fixarmos o valor em 81,29,... [4 seg.] [...] então a quantidade de dinheiro dá isso aqui, que é bem convincente, não é?

Maria: Sim.

André:[...] Eu acho que a nossa taxa está um pouquinho abaixo.

Tudo começa por *C2*. Maria sugere que a taxa de câmbio seja somada ao valor de *C2*. André faz uma objeção e sugere multiplicar. Maria parece querer encontrar um caminho, contando com as confirmações de André como apoio. Por exemplo: "Claro que sim, multiplica pela porcentagem, certo? Ah, não!". Ela rejeita a proposta logo em seguida de ela mesma tê-la apresentado, o que indica certa insegurança. Maria acaba por acatar as sugestões de André, indicando que ela desistiu de defender sua posição depois que André fez algumas objeções. Deve ser porque ela confia no julgamento de André. Pode ser também que ela percebeu que somar a taxa de câmbio não levaria a qualquer direção promissora. André: "E é isso que a gente tem que usar como valor da taxa, não é?", Maria: "Sim. Então vamos usar esta".

André, por outro lado, parece mais convicto. Ele questiona as proposições de Maria querendo a anuência dela o tempo todo e, no final, conclui que ele está certo com base nas contas que haviam feito antes. Ele encerra com uma *tag question,* que Maria confirma: "Bem, se fixarmos o valor em 81,29,... [4 seg.] ...então a quantidade

de dinheiro dá isso aqui, que é bem convincente, não é? [...] Eu acho que a nossa taxa está um pouquinho abaixo".
A construção da fórmula revela-se difícil. Maria sugere "adição", mas André hesita. A conclusão é "multiplicação". Por fim, a dúvida a respeito de multiplicar por 81,29 e depois dividir por 100 se esclarece. Então, embora o processo pareça confuso, ele resultou no *reconhecimento* apropriado da fórmula: $C3 = 0,8129\ C2$. Maria e André estão abertos à investigação.

## Lucro

A fórmula $C4 = C3 + 0,08\ C3$ (adição do imposto) é definida, e Maria e André passam a discutir a questão do lucro. O lucro sugerido é 25%, mas talvez esse valor deva ser flexibilizado para reduzir o preço final. Como fazer um computador entender isso?

> André: O lucro é 25, não é isso?
>
> Maria: Então você só tem que digitar 25 aqui.
>
> André: Como?
>
> Maria: Então você só tem que digitar 25% aqui.
>
> André: Certo.
>
> Maria: Mas é apenas o lucro.
>
> André: E nós temos que ter liberdade para mudar o lucro.
>
> Maria: Mas, por que você quer escrever esse lucro em porcentagem, então? Você já pensou em escrever a porcentagem nesse ponto aqui?
>
> André: Sim.
>
> Maria: Muito bem. [4 seg.] Como você vai digitar isso?
>
> André: Como eu vou digitar o quê?
>
> Maria: Faça aí, depois a gente analisa.
>
> André: Aí a gente escreve aqui,... quanto vale o lucro em porcentagem, certo?
>
> Maria: Escreve quanto? 25%?
>
> André: Exatamente, a gente escreve [5 seg.] em tudo... e aí a gente faz igual a...
>
> Maria: ...este aqui, certo.
>
> André: ...este aqui.
>
> Maria: Mais o lucro, certo?
>
> André: Como?

Maria: Este aqui mais o lucro, certo? Este aqui [ic]

André: Não, não "mais".

Maria: Sim... ah, não! É! Não! Ah, é porcentagem. Que inferno! Como é que se resolve isso, afinal?

André: Este aqui... vezes... ôpa... vezes...

Maria: ...esse quadrinho em cima... e então a gente tem que escrevê-lo no...

André: Não, espera um pouco, multiplicado por este aqui.

Maria: E dividido por...

André: di... dividido por... 100... será que [o programa] vai funcionar?

Maria: Vamos arriscar e descobrir?

André: Talvez nós devêssemos por entre parênteses, aí teríamos certeza, não teríamos? Eu não sei...

André está prestes a criar uma célula na planilha para inserir a porcentagem do lucro. Maria acompanha o seu trabalho perguntando várias vezes sobre como fazer isso: "Mas por que você quer escrever esse lucro em porcentagem, então? Você já pensou em escrever a porcentagem nesse ponto aqui?" e "Como você vai digitar isso?" André verbaliza suas reflexões, e Maria persiste tentando acompanhar o que ele está fazendo. Ela tem uma ideia de somar o lucro, que é rejeitada por André, mas ela não *defende* sua posição e a retira prontamente. O processo se intensifica após a pergunta de Maria: "Que inferno! Como é que se resolve isso afinal?", quando André praticamente *pensa alto* e eles complementam as meias-falas[45] um do outro. Nós vemos isso como reflexo dos primeiros esforços de ambos para entenderem um ao outro e como sinal de seu compromisso efetivo e compartilhado em resolver o problema. Ao mesmo tempo, Maria e André parecem conscientes de que nenhum dos dois encontrou uma perspectiva adequada. Não basta chegarem a um consenso. Eles precisam dar um passo a mais.

Parece haver certa dúvida sobre como calcular o lucro. Maria: "Mais o lucro, certo?", André: "Não, não 'mais'", Maria: "Sim... ah, não. É! Não! Ah, é porcentagem. Que inferno! Como é que se resolve

---

[45] NT: O termo original em inglês é *utterance*, que também poderia ser traduzido como balbucios ou murmúrios.

isso, afinal?" Nesse ponto, Maria e André organizam várias dúvidas. Para calcular o lucro, deve-se multiplicar por 0,25, e não por 25. E a confusão sobre soma ou multiplicação? Há uma noção popular de que lucro é para ser somado. No entanto, isso não significa simplesmente somar 25% ou 0,25. Por diversas vezes, eles *reformulam* a formulação do outro. Por meio do processo de reformular e mudar uma posição, eles buscam *reconhecer* um procedimento matemático propício.

É bem provável que tais questões não surgissem caso Maria e André as tivessem encontrado como parte de um exercício. A situação é bem diferente, no entanto, quando eles têm que decidir, por si mesmos, qual fórmula usar. Em exercícios prontos, as ideias matemáticas ficam "delineadas" *a priori*, e, quando os alunos "aprendem a fazer o jogo da resolução de exercícios", eles conseguem aplicar fórmulas diretamente. Mas, quando a matematização precisa acontecer, surgem algumas dificuldades. Eles vivenciaram por si próprios o *delineamento das ideias matemáticas*.[46] Precisam traduzir a tarefa de converter coroa sueca em coroa dinamarquesa em termos de operações matemáticas e traduzir a expressão "adicionar lucro" como uma operação que envolve multiplicação.

Um detalhe interessante no final desse trecho é o comentário de André sobre a capacidade do computador: " [...] será que vai funcionar?". Eles não questionam se eles conseguem descobrir a resposta, mas se o computador conseguiria. Ele até sugere incluir parênteses para se certificar de que o computador aceite a fórmula. Interpretamos tal declaração como um vestígio de certa autoconfiança combinada com uma sutil ironia. Maria, por outro lado, está mais propensa a querer saber se eles vão obter respostas: "Vamos arriscar e descobrir?". Ampliando o campo de observação para o curso como um todo, torna-se evidente que a participação de Maria foi toda ela marcada por essa atitude de "tentar" e "arriscar".

### Quase pronto

Após terem exercitado um pouco mais o posicionar-se, o perceber e o pensar alto, os alunos deixaram a planilha quase pronta e puderam ter uma visão geral do que fizeram:

---

[46] NT: A expresssão original em inglês é *crystallising mathematical ideas*.

$C1$ (preço original)
$C2 = C1 + 0{,}015\ C1$ (adiciona frete e seguro)
$C3 = 0{,}8129\ C2$ (converte para coroa dinamarquesa)
$C4 = C3 + 0{,}08\ C3$ (adiciona os impostos)
$C5 = C4 + 0{,}25\ C4$ (adiciona o lucro)
$C6 = C5 + 0{,}25\ C5$ (adiciona a VAT)
Se $C1 = 70$ coroas suecas, o resultado é:
$C1 = 70{,}00$
$C2 = 71{,}05$
$C3 = 57{,}756545$
$C4 = 62{,}377069$
$C5 = 77{,}971336$
$C6 = 97{,}46417$

Esse resultado, no entanto, certamente não seria aceito por "Raquetes & Cia.", que quer pagar, no máximo, 89 coroas dinamarquesas por uma raquete de tênis de mesa.

Até agora, Maria e André trabalharam sozinhos para preparar a planilha. Não tem sido fácil, mas eles têm sido pacientes e se apoiado mutuamente, tentando avançar. Durante todo o processo, uma *cooperação investigativa* ocorreu. Assim, podemos observar alguns padrões de comunicação interessantes que favorecem o trabalho dos alunos. Eles estão interessados na perspectiva um do outro como demonstram as perguntas investigativas que fazem. Essas perguntas conduzem a explicações, questões hipotéticas, delineamento de ideias matemáticas e confirmação. Eles abusam das *tag questions* para conseguir confirmações recíprocas. Eles complementam as meias-falas um do outro e demonstram respeito mútuo. O que acabamos de testemunhar é um diálogo em que todos os elementos do Modelo-CI estabelecer contato, perceber, reconhecer, posicionar-se, pensar alto, reformular, desafiar e avaliar estão presentes.

Observamos, no entanto, certos padrões de comunicação, mas muito poucos que podem atrapalhar a cooperação e impedi-los de avançar. Às vezes, eles rejeitam as próprias propostas sem examiná-las a fundo, e às vezes eles fazem objeções sem justificativas.

### Intervenção do professor

Maria e André quase completaram a preparação da planilha quando o professor chama a sua atenção. Ele quer ter uma ideia a respeito do que estiveram fazendo e *desafia* os alunos ao perguntar: "Não tem um probleminha aí em algum lugar?" e "Até quando vamos precisar de tantas casas decimais?". As questões do professor estão relacionadas com o que os alunos fizeram e, como o professor não explica suas intenções, os alunos podem ficar com a impressão de que ele as faz com fins de controlar a situação ou que o seu estilo de avaliar é marcado pelo uso de críticas ao trabalho. Seja como for, eles não esperavam pelo desafio do professor nesse momento.

Após resolver alguns problemas técnicos no computador, o professor está prestes a deixá-los:

> Professor:[...] agora vocês já podem trabalhar com isso.
> André: A gente já sabia.
> Maria: Então vamos nessa e vamos mudar... nossa margem de lucro, vamos lá?
> André: Sim...
> Maria: Nós estamos somente... nós estamos somente meia hora atrasados. [6 seg.]

O professor parece acreditar que sua intervenção serviu para esclarecer alguma coisa: " [...] agora vocês já podem trabalhar com isso". Mas o comentário de André: "A gente já sabia" indica que os alunos não tiveram dúvidas sobre o que fazer. Podemos inferir uma conclusão pior: a de que o professor desperdiçou seu tempo e dos alunos com essa intervenção. Como diz Maria: "Nós estamos somente meia hora atrasados".

Maria aponta uma estratégia para resolver o problema anterior: eles poderiam reduzir sua margem de lucro, visto que comprar raquetes a 70 coroas suecas resultaria num preço de 97,46 coroas dinamarquesas (ou devemos dizer 97,46417 coroas dinamarquesas?), o que não interessa ao comprador "Raquetes & Cia.". Após algumas tentativas, eles ficam com a nítida impressão de que o lucro precisaria sofrer uma redução muito grande para que o preço final alcançasse, na pior das hipóteses, as 89 coroas dinamarquesas. Eles se debatem com a questão por certo tempo, mas, do que estão precisando mesmo, é de uma nova ideia para lidar com a exigência do "Raquetes & Cia.".

## Que tal virar tudo de cabeça para baixo?

Nesse momento, o professor, que já está de volta, *desafia* os alunos mais uma vez:

> Professor: O que acontece se, digamos... nós não abríssemos mão do lucro de 25%...? Quanto estaríamos dispostos a pagar por isso?
>
> Maria: Estaríamos dispostos a quê?
>
> Professor: Quanto nós concordaríamos em pagar... Quanto nós aceitaríamos, qual oferta dos suecos que nós aceitaríamos?
>
> Maria: O quê, o qu... o que você está dizendo? [Vasculha as anotações.]
>
> Professor: Qual é o máximo preço que nós podemos pagar ao fornecedor sueco?

O professor introduz uma ideia diferente. Eles não precisam reduzir suas margens de lucro, o que eles precisam é "negociar". Eles podem simplesmente fazer uma outra oferta ao fornecedor sueco. Mas qual? Quanto eles teriam que pagar ao fornecedor sueco para fornecer as raquetes por 89 coroas dinamarquesas ao "Raquetes & Cia." sem reduzir sua expectativa de lucro? O professor principia essa opção por meio de perguntas hipotéticas e desafiantes que quase parecem um *pensar alto* e servem como convite para perceber uma possibilidade diferente. A ideia não havia sido indicada anteriormente e ela representa um *ponto de inflexão* na investigação.

O professor abre novas possibilidades: "O que acontece se...? "E Maria quer entender, por isso ela pede para que ele explique mais: "Estaríamos dispostos a quê?" e "O quê, o qu... o que você está dizendo?". Os três iniciam uma cooperação não verbal através do computador logo após Maria demonstrar sinais de que entendeu a ideia. Não há como ouvir o que eles murmuram aqui, mas como todos riem, devem ter descoberto algo interessante ou engraçado.

Na passagem seguinte, o professor *desafia* os alunos mais uma vez, ao sugerir que eles virem a planilha "de cabeça para baixo" e "calculem de trás para frente". Essa combinação de perceber uma nova possibilidade e desafiar os alunos torna-se *um ponto de inflexão* no processo de investigação como um todo.[47]

> Professor: Vamos explorar essa ideia. [4 seg.] Vocês poderiam... Vocês poderiam fazer uma planilha de tal forma que vocês digitassem o valor em coroas dinamarquesas no começo... e aí ela mostraria quanto nós queremos pagar... como se virasse tudo de cabeça para baixo?
>
> André: Você diz... quanto gostaríamos de pagar?
>
> Professor: Se o que nós temos, de início, são as 89 coroas dinamarquesas, esse é nosso dado... e aí fazemos uma planilha dizendo: então nós sabemos exatamente quanto queremos na moeda estrangeira.
>
> André: De um jeito que... nos permitisse refazer a proposta.
>
> [...]
>
> Professor: Se vocês conseguissem fazer uma planilha de tal forma que vocês digitassem 89 e lá no final apareceria a nova proposta.
>
> André: Se... sim, daria, sim.
>
> Maria: Era isso que você queria dizer, certo?
>
> Professor: Era isso que eu queria dizer.
>
> André: Sim, a gente pode fazer isso.
>
> Maria: A gente pode mesmo fazer isso.
>
> [...]
>
> André: Então, vamos começar uma nova planilha.
>
> Professor: Têm certeza que vocês querem começar do zero de novo?
>
> Maria: Deveríamos tentar?... Não deveríamos... Poderíamos apenas... não daria para seguir em frente alterando esta aqui...?
>
> André: Então vamos em frente, mudando a taxa e...

---

[47] Quatro meses depois, André comentou sobre isso: "Configurar a planilha não era tão empolgante assim. Virá-la de cabeça para baixo foi o grande desafio. Foi difícil e tivemos que parar para pensar várias vezes. Era difícil, por exemplo, quando os impostos tinham que ser subtraídos em vez de adicionados".

Maria: ...de uma forma que a gente possa ir lá no começo e dizer: este aqui... este aqui deve ser igual a tanto.

Professor:Experimentem.

Maria: Tá, vamos experimentar?

O professor propõe como ideia elaborar uma planilha que faz o cálculo inverso da atual, ou seja, sua entrada é o preço máximo em coroas dinamarquesas, a partir do qual ela determina o preço que pode ser proposto ao fornecedor sueco. "Se o que nós temos, de início, são as 89 coroas dinamarquesas, esse é nosso dado... e aí fazemos uma planilha dizendo: então nós sabemos exatamente quanto queremos na moeda estrangeira".

As questões hipotéticas formuladas pelo professor são acompanhadas por outras questões feitas pelos alunos, ampliando e esclarecendo a perspectiva do professor: "Você diz... quanto gostaríamos de pagar?" e "De um jeito que... nos permitisse refazer a proposta". A linguagem empregada ainda é a do "o que acontece se...". Eles estão refletindo sobre possibilidades, mas ainda não decidiram nada, até que André sugere: "Então, vamos começar uma nova planilha.". Eles concordam em tentar e rapidamente Maria externaliza sua abordagem: "Deveríamos tentar? ... Não deveríamos então... Poderíamos apenas... não daria para seguir em frente alterando esta aqui...?". Ela se mostra empolgada com a ideia: "Tá, vamos experimentar?".

Um longo e turbulento caminho os aguarda. Comparada com todas as intervenções anteriores do professor, essa desafia os alunos colocando uma nova perspectiva: é possível negociar com o fornecedor sueco! Dada essa possibilidade, passa a fazer sentido virar a planilha "de cabeça para baixo".

O professor certamente corre riscos ao fazer tal proposta. Primeiramente, ele não sabe de antemão se os alunos vão acatar a sugestão e ela pode estragar o envolvimento deles na cooperação investigativa, que poderia estar direcionada para uma abordagem tentativa-e-erro usando a primeira planilha. Essa abordagem de tentativa-e-erro funcionaria naturalmente na perspectiva de encontrar um valor para "negociar", e eles chegariam provavelmente à conclusão de que 63 coroas suecas é a proposta que deveria ser feita ao fornecedor sueco. Em segundo lugar, o professor corre o risco de desafiar demais os alunos. Tudo pode ir por água abaixo se a ideia não fizer sentido para os alunos.[48] Nesse caso, ela fez. Não sabemos exatamente por quê. As coisas andam meio confusas para Maria e André, mas certamente eles enxergaram que há algo para ser feito. Eles encararam o desafio. Uma nova abordagem está em jogo, e a investigação pode ser bem-sucedida.

Maria, André e o professor começam a refletir conjuntamente a respeito de possibilidades para inverter a planilha, ou melhor, o que eles seriam capazes de fazer quando ela estivesse invertida nesse momento, o termo "o que acontece se..." é trocado por outro termo-chave, "então nós podemos". Um ajuda o outro com muito empenho, reverberando falas, solicitando e acenando com confirmações. Tudo termina numa grande gargalhada, pouco antes de o professor sair mais uma vez. Isso é sinal de que o humor de Maria e André para continuar o trabalho sozinhos é dos melhores.

Além de esclarecer novas possibilidades, a última parte do diálogo pode ter a importante função de trazer a condução do processo de investigação de volta para as mãos dos alunos. O professor fez a sua parte, criando as condições para que um ponto de inflexão ocorresse e, se acreditamos que Maria e André devem conduzir o processo, agora é a hora de eles aceitarem isso e assumirem a responsabilidade. Maria e André estão por sua própria conta.

### "Divido por"... ou é apenas "menos"?

Na sequência, Maria emprega dois expedientes que já conhecemos *questões o-que-acontece-se* e *tag questions* para defender a posição de que a planilha deve ser virada de cabeça para baixo: "Se nós então tentássemos dizer...este aqui, esse campo, certo? Ele tem que ser igual a... 89, menos toda aquela conta que a gente tinha feito... menos, dividido por e todas aquelas etapas, certo?" Eles precisam encontrar

---

[48] Perguntamos ao professor o que ele teria feito caso os alunos refutassem o desafio, e ele disse: "Bem, o curso tem um preâmbulo. Eu cerquei André no seu caminho até a sala e pedi-lhe que aceitasse o convite. Mas não dá para dizer o que vai acontecer. O risco de os alunos não aceitarem o convite faz parte da profissão. Quando isso acontece, você tenta outra sugestão, tenta persuadi-los, ameaça, desiste... Talvez eu tivesse feito outro desafio".

algum tipo de algoritmo. Maria esboça um possível caminho e isso exige o delineamento de ideias matemáticas. O caminho está traçado, e Maria e André iniciam um longo percurso. Eles começam pelo último passo da planilha original, a inclusão da VAT:

$$C6 = C5 + 0,25\ C5$$

Como inverter esse processo? Maria explica a André que eles têm de subtrair o que fora adicionado antes, mas André não tem certeza.

Maria quer a cooperação de André, pois, como ela mesma diz, não vai conseguir sozinha. Ela parece estar insegura com respeito às operações matemáticas.

> Maria: Dividido por... humm... ou é apenas menos?
>
> André: Menos.
>
> Maria: 25%, certo?

A VAT precisa ser deduzida. Mas qual é a operação matemática por trás da dedução da VAT?

Os dois alunos iniciam um longo e concentrado processo para deduzir a VAT do montante final. Parece que eles estão encontrando grande dificuldade para descobrir como se escreve a fórmula. No trecho que se segue, a abordagem por tentativa-e-erro domina a ação. Eles externalizam seus pensamentos e ações. Eles pensam alto ao longo de todo o processo.

> André: Menos 0,25. Tomamos C1 e subtraímos 0,25... não parece funcionar.
>
> Maria: Não.
>
> André: Temos que tirar 0,25 de alguma coisa.
>
> Maria: Não pode ser só menos 0,25?
>
> André: Se você tem um valor e diz menos 0,25, então você está subtraindo 0,25 e não 0,25%?
>
> Maria: Sim.
>
> André: Temos que subtrair 25%, certo?
>
> Maria: Sim.
>
> André: Ou você quer dizer 0,25?

Maria: Sim, sim, você está certo, não, não funciona.

André: Então subtrai...

Maria: Então divide por 0,25%. Você não acha que dá pra escrever assim?

André: É vezes 0,25.

Maria: Não, porque é, sim, é. Aí a gente soma 25%, certo? Ah, não, não somamos. Ah, não, não somamos, temos que fazer vezes. [ic]

André: Não dá?

Maria: Sim, senão teríamos que fazer a divisão por 1,25, certo?

André: Vezes 0,25.

Maria: Por que você está dividindo por C2?

André: Eu não... vezes 0,25 e temos um valor... que ...

Maria: Ah, sim.

André: ...este valor nós temos que...

Maria: Esse aqui, esse valor sem a VAT, é o valor que temos agora, certo?

André: Não.

Maria: Não é?

André: Este é quanto de VAT pagamos.

Maria: Sim, você está certo. Então dizemos vezes 100... não.

André: Não, não, absolutamente não. Então nós fazemos...

Maria: Então fazemos... uma divisão... uma divisão por 1,25. Aí nós temos o valor.

André: Não, mas dê uma olhada. Esse aqui, agora temos efetivamente quanto é menos a VAT, aí a gente só precisa pegar... humm... aí a gente só precisa pegar...

A ideia de subtrair a VAT pode conduzir à fórmula:

$C2 = C1\ 0,25$

Essa possibilidade é descartada por André: "Menos 0,25. Tomamos C1 e subtraímos 0,25... não parece funcionar". A porcentagem sempre é a porcentagem de alguma coisa. Maria confirma: "Não pode ser só menos 0,25?". Foi um pequeno avanço no sentido de resolver o problema.

Um entendimento dos conceitos de porcentagem e fração se faz necessário. André explica a Maria, que concorda: "Se você tem um valor e diz menos 0,25, então você está subtraindo 0,25 e não 0,25%?". E, como a VAT precisa ser deduzida, André faz uma sugestão: "Temos que subtrair 25%, certo?". Eles estão concordando, ou não? Maria não tem certeza: "Sim, sim, você está certo, não, não funciona". Ela sugere divisão em vez de subtração: "Então divide por 0,25%. Você não acha que dá pra escrever assim?". Mas André surge com a ideia da multiplicação: "É vezes 0,25". Não está sendo fácil.

Maria tenta recapitular. Como a VAT foi calculada: "Aí a gente soma 25%, certo? Ah, não, não somamos. Ah, não, não somamos, temos que fazer vezes". Maria, então, percebe uma nova possibilidade. Poderia ser a operação inversa: "...teríamos que fazer a divisão por 1,25, certo?". André parece ignorar que uma nova perspectiva veio à tona. Talvez ele nem tenha ouvido a colocação. Ele segue em frente: "Vezes 0,25". Maria tenta defender sua ideia uma vez mais: "Então fazemos... uma divisão... uma divisão por 1,25. Aí nós temos o valor". André rejeita a ideia, que é deixada de lado antes mesmo de ser examinada e não é trabalhada de novo. A sugestão de dividir por 1,25 é apresentada por Maria sem qualquer ligação com o que aconteceu no diálogo até aquele momento. A possibilidade não foi sondada previamente. Isso indica que o que é tornado público em um diálogo é apenas parte do processo de aprendizagem. Pode estar relacionado com experiências, reflexões e aprendizagem anteriores. Além disso, é possível que o "perceber" não esteja relacionado com a linguagem da mesma forma que "explicar" ou "justificar".

Nesse processo, Maria parece muito confusa e cheia de dúvidas. Por isso, não temos convicção se sua sugestão a respeito da divisão por 1,25 deva ser considerada como expressão de um "reconhecer" bem-sucedido ou uma sugestão arbitrária. Ela faz muitas sugestões, das quais se arrepende imediatamente: "Sim, sim, você está certo, não, não funciona", "Aí a gente soma 25%, certo? Ah, não, não somamos. Ah, não, não somamos" e "Mais, não, menos o total, não... sim, mais o total". Ao mesmo tempo, ela faz perguntas e *tag questions* buscando pelo auxílio e pela concordância de André. Ela não assume a responsabilidade pelas próprias propostas, ela não *defende* seu ponto de vista no desenrolar dos acontecimentos e isso pode ser um empecilho para sua investigação. André, por outro lado, parece mais seguro a respeito do que faz: "Não, mas dê uma olhada. Esse aqui, agora temos efetivamente quanto é menos a VAT, aí a gente só precisa pegar... humm... aí a gente só precisa pegar... mais o total". A aparente insegurança de Maria desta vez e a visível segurança de André pode ter os impedido de levar a sugestão de Maria sobre a divisão por 1,25 em consideração, o que os teria conduzido imediatamente a um caminho viável. Alguma "percepção" aconteceu, alguma se perdeu.

## Vocês estão fazendo tudo numa linha só?

No trecho a seguir, os alunos lutam para construir a planilha invertida. Eles criam dificuldades para si mesmos ao tentar fazer tudo numa linha só. Mas eles não desanimam. Seguem em frente, mantendo a concentração na tarefa e parecem querer persistir na resolução do problema.[49] Mas Maria exclama rindo: "Oh, meu Deus, isso é duro". O primeiro elemento na fórmula que eles montaram é:

$$C2 = C1 \ 0{,}25 \ C1$$

Eles agem como se estivessem progredindo. Em seguida, o lucro e também os impostos são deduzidos de alguma forma. As coisas parecem sob controle. A planilha que eles construíram contém os seguintes elementos:

$C1$ (preço máximo)
$C2 = C1 \ 0{,}25 \ C1$ (dedução da VAT)
$C3 = C2 \ 0{,}25 \ C2$ (dedução do lucro)
$C4 = C3 \ 0{,}08 \ C3$ (dedução dos impostos)

No entanto, a expressão com que eles estão se debatendo pode ser representada, na verdade, como:

$$((C1 \ 0{,}25C1) \ 0{,}25(C1 \ 0{,}25C1)) \ 0{,}08((C1 \ 0{,}25C1) \ 0{,}25(C1 \ 0{,}25C1)).$$

Não está claro até que ponto eles confiam nessa abordagem. Nesse momento, o professor volta.

---

[49] Alguns meses depois, Maria confirmou isto: "É ótimo poder completar uma tarefa, e dá grande satisfação realizar objetivos".

Professor: Vocês estão fazendo tudo numa linha só?

Maria: Sim, é extremamente difícil.

Os alunos estão prestes a fazer as contas invertidas através de uma fórmula escrita em uma única linha. O professor, por sua vez, quer que eles dividam isso "em etapas menores". Assim, ele assume a responsabilidade pela nova linha de investigação que se apresenta. Isso pode ser interpretado com uma intervenção na cooperação investigativa dos alunos, mas, como disse o professor pouco tempo depois, ele considerou a tentativa de escrever a fórmula em uma linha muito difícil para eles. Portanto, é uma escolha do professor não desafiar demais os alunos, o que justifica sua atitude. Desafiar demais traz muitos riscos, mas deixar correr solto também. O professor corre o risco de estragar o processo de aprendizagem dos alunos qualquer que seja a medida que tome. O desdobramento efetivo dos acontecimentos depende da resposta dos alunos e da qualidade da convivência entre os participantes durante o processo.

O professor propõe uma brincadeira, para ilustrar o problema da taxa. Essa brincadeira proporciona um ponto com vista privilegiada do que está sendo investigado. Ao mesmo tempo, essa ilustração serve como um novo ponto de inflexão na investigação. Sophia (outra aluna) junta-se ao grupo para desempenhar o papel de secretária da receita, e o professor dirige a encenação. Essa brincadeira termina com a longa jornada de Maria e André.

Professor: Você é o negociante de raquetes, certo?

André: Sim.

Professor: Então eu digo: Diga-me que você quer comprar uma raquete.

André: Eu gostaria de comprar uma raquete.

Professor: Vai lhe custar 40 coroas, mas...

André: VAT.

Professor: [Dirigindo-se para Sophia] Gostaria de ser a secretária da receita?

Sophia: Humm.

Professor: Então você precisa dizer para mim: lembre-se da VAT.

Sophia:   Lembre-se da VAT.

Professor:Oh, é mesmo, eu tenho que me lembrar da VAT, você disse?

O professor escolhe um preço de 40 coroas para simplificar as contas. Através de um teatrinho, ele faz os alunos repassarem o seguinte:

Quando temos um preço, por exemplo, 40 coroas, e temos que incluir a VAT de 25%, então o resultado passa a ser 50 coroas, o preço com a VAT inclusa. Por outro lado, quando nós conhecemos o preço com a VAT inclusa e queremos deduzir a VAT, então não faz muito sentido subtrair 25% das 50 coroas. A VAT é 25% do preço original, 40 coroas, e não 25% das 50 coroas. Mas, quantos por cento, então, corresponde à parte da VAT nas 50 coroas? O montante de 10 coroas representa 10/50 do preço que inclui a VAT e isso dá 20%. Em suma, a nova porcentagem é calculada assim:

$$0,25 / (1 + 0,25) = 25 / 125 = 20\%$$

Em geral, se a porcentagem original é $x$, então a porcentagem a ser usada na fórmula inversa é $x / (1 + x)$. Aplicada, por exemplo, ao imposto, o resultado vai ser $0,08/(1 + 0,08) = 8/108 = 0,074$. Essas ideias foram ilustradas pelo teatrinho. Uma abordagem alternativa poderia ter sido deixar Maria e André continuarem a fazer a planilha. Então, eles iriam *perceber* que suas contas não funcionam.

É difícil para os alunos entenderem como os 25% que se soma viram 20% quando se subtrai. Feita a explanação, não está evidente que André tenha entendido a explicação do professor. A princípio, Maria parece ter entendido, mas pouco depois ela complementa: "Não, eu não consigo entender mais nada". Contudo, orientados pelo professor eles obtêm a fórmula: $C2 = C1$ $0,20$ $C1$ (dedução da VAT).

## Fomos muito espertos, não acha?

Eles estão prontos para começar uma nova trilha. Já conseguiram a primeira fórmula da planilha invertida. O professor, então, tenta passar a condução do processo de volta para os alunos.

Maria:   Então temos que deduzir o lucro, certo?

Professor: Sim.

André: Sim.

Maria: Então, por favor, digite menos o lucro, sem lucro.

Professor: Hum.

Maria: E isso vai dar... com base em 25%, certo? Então eu acho que é o mesmo, não é, que a VAT? O que dá 20%, certo?

Eles parecem ter obtido as fórmulas:

$C1$ (preço máximo)
$C2 = C1\ 0{,}20\ C1$
$C3 = C2\ 0{,}20\ C2$

Eles seguem a nova abordagem, e o professor apoia o procedimento sem interferir até que eles chegam ao cálculo do imposto. Esse é o grande teste. Maria mostra-se preocupada: "Ah, não, é difícil?" E o professor ajuda os alunos comparando com o que foi feito antes: "A VAT era... 25% de 125" e "Dessa vez não é mais vezes 0,2, agora é... o quê? Vocês não conseguem fazer?"

André: É 8%. Isso significa que é 8% de 100.

Maria: Sim.

André: 100 mais 8.

Maria: 100 mais 8 dá 108, certo?

Professor: Tem que tirar 8 de 108.

O professor deixa os alunos, que ficam por sua própria conta antes mesmo de terminarem a resolução do problema do imposto.

André: Ah... que inferno, e agora? Agora eu tenho que me livrar desse valor idiota,... eu tenho que escrever... imposto.

Maria: Total tem que entrar. Não, não, sim, sim, então... é então... total menos... não, total vezes 0,074, total vezes 0,074... ponto 07, ié... humm, certo? Não é exatamente isso? É o imposto que tem que colocar?

André: O quê? Sim, sim.

Maria: Será que está certo?

Eles chegam à fórmula $C4 = C3\ 0,074\ C3$ porque eles tinham calculado: $8/108 = 0,074$. Eles estão prestes a conseguir:

$C1$ (preço máximo)
$C2 = C1\ 0,20C1$
$C3 = C2\ 0,20C2$
$C4 = C3\ 0,074C3$

Deixados por sua própria conta, eles praticaram o mesmo tipo de cooperação investigativa que já haviam experimentado no começo do processo. Agora eles já *reconheceram* uma abordagem consistente. Eles *pensam alto, reformulam* e *posicionam-se*. Uma característica peculiar do modo de fazer cooperação investigativa nesse caso é que os dois alunos agem conjuntamente, seja questionando os seus propósitos, examinando-os seja concordando em aceitá-los ou rejeitá-los. É espantoso que eles tenham sido capazes disso, mesmo após quase terem ficado empacados na planilha inversa. Interpretamos isso como uma indicação de que eles reconquistaram a condução do processo de investigação.

Os trechos anteriores indicam que, para um diálogo investigativo acontecer, o desafio apresentado pelo professor deve estar à altura das habilidades e experiências dos alunos no assunto. Uma tarefa pode ser muito complicada ou muito fácil. Um algoritmo pode ser muito difícil para ser empregado por alunos. Ser capaz de desafiar nem demais nem de menos parece ser importante para a facilitação da aprendizagem. Assim, quando Maria e André retomam a condução da investigação nessa situação, ambos relembram suas experiências anteriores com esse tipo de problema. Eles foram desafiados de forma apropriada.

> [O professor informa a classe "Gostaria de agradecer vocês pelo fantástico esforço que fizeram. Nos encontramos no ônibus daqui a 20 ou 25 minutos".]
>
> Maria: Bom, que tal pararmos?
>
> André: Boa ideia, mas nós vamos salvar, não vamos?
>
> Maria: Claro, ficou muito interessante, fomos muito espertos, não acha?

Eles quase terminaram. Nesse momento, o professor encerra a aula agradecendo em público à divisão dinamarquesa de *"Run For Your Life"* por ter feito um bom trabalho. Na mesma oportunidade, ele relembra à classe do horário da excursão. Mas, como enfatizamos bem no início, Maria e André querem completar o serviço. Eles enfrentam a última questão: seguro e frete, calculando $0,015/(1 + 0,015)$ = $0,0147783$. Eles produziram a seguinte sequência de fórmulas:

$C1$ (preço máximo em coroas dinamarquesas)
$C2 = C1 \ 0,20 \ C1$
$C3 = C2 \ 0,20 \ C2$
$C4 = C3 \ 0,074 \ C3$
$C5 = 1,23 \ C4$[50]
$C6 = C5 \ 0,0147783 \ C5$

Terminaram!!! Maria e André reagem como se tivessem ganhado uma partida em algum esporte, gritando com alegria. Maria vibra e bate as mãos nas de André. Que *avaliação*.

A planilha invertida que eles produziram apresenta os seguintes resultados:

$C1 = 89,00$ (preço máximo em coroas dinamarquesas)
$C2 = 71,20$ (dedução da VAT)
$C3 = 56,96$ (dedução do lucro)
$C4 = 52,74496$ (dedução do imposto)
$C5 = 64,8849305$ (preço em coroas suecas)
$C6 = 63,93112292$ (dedução de seguro e frete)

Então, $63,93$ coroas suecas é o valor da proposta a ser apresentada ao fornecedor sueco por cada raquete de tênis de mesa, se eles têm que arcar com VAT, imposto, seguro etc. e ainda manter a margem de lucro de 25%, atendendo ao preço final de $89,00$ coroas dinamarquesas proposto por Raquetes & Cia.

O título da planilha que eles entregaram ao professor diz "Puro gênio!", e o comentário de avaliação de Maria também expressa uma

---

[50] Eles tiveram alguma dificuldades com a taxa de câmbio. Porém, eles calcularam $1/0,8129$ e obtiveram $1,23$.

autoestima renovada: "Fomos muito espertos, não acha?". Naquele dia eles aprenderam algo para valer.

## O Modelo-CI reconsiderado

Durante a análise de "Raquetes & Cia.", identificamos características de comunicação do Modelo-CI que já foram apresentadas no Capítulo II: *estabelecer contato, perceber, reconhecer, posicionar-se, pensar alto, reformular, desafiar* e *avaliar*. Esses elementos estavam presentes tanto na interação aluno-aluno quanto na interação aluno-professor que participavam de um processo de cooperação investigativa. Os elementos não surgem em uma ordem regular linear; eles podem ser observados repetidamente em diferentes combinações. Consideramos que essas características de comunicação estão intimamente ligadas ao processo de cooperação investigativa. Obviamente, essas características tiveram grande influência sobre a capacidade de dar andamento ao trabalho que os alunos demonstraram. Quando os elementos do Modelo-CI foram temporariamente deixados de lado e substituídos, por exemplo, pelo jogo-de-perguntas, adivinhações ou insistência nas mesmas perspectivas, os alunos pareceram empacar. Nesse caso, não fez diferença se o professor participava ou não. Tudo isso confere ao Modelo-CI uma abrangência maior.

A análise de "Raquetes & Cia." revelou novos elementos de investigação que parecem estar relacionados aos elementos-CI. Como já enfatizamos, as noções embutidas no Modelo-CI não podem ser vistas como unidades isoladas e bem delimitadas. Em vez disso, elas ocorrem em formações e combinações diferentes. Contudo, a fim de podermos discutir as características de comunicação, vamos reconsiderar cada uma das noções do Modelo-CI separadamente.

### Estabelecer contato

Estabelecer contato como forma de criar uma sintonia com o colega e com as perspectivas dele é uma exigência para quem se propõe a participar de uma atividade cooperativa. Nós entendemos contato como *estar presente e prestar atenção* ao outro e às suas contribuições, numa relação de *respeito mútuo, responsabilidade e confiança*. Vemos o processo de estabelecer contato tanto como uma preparação para a investigação quanto como uma atitude positiva de relacionamento entre os participantes durante a cooperação, que os torna *abertos à investigação*. Maria e André mantiveram esse contato durante a maior parte da sessão. Isso pode ser visto, especialmente, nas permanentes *questões investigativas, tag questions, confirmações recíprocas* e no *apoio mútuo*. Sem esquecer do bom *humor* e dos momentos de gargalhada conjunta.

Houve vezes, porém, que o contato esvaneceu; por exemplo, quando um deles apartou-se temporariamente do processo e deixou a iniciativa toda por conta do outro. As mesmas características puderam ser observadas mesmo na presença do professor.

Respeito mútuo, responsabilidade e confiança referem-se a aspectos emocionais da cooperação investigativa e, ao mesmo tempo, têm relação com esse elemento do Modelo-CI que denominamos "estabelecer contato". Descobrimos que aspectos emocionais constituem parte essencial do processo de aprendizagem que propicia certas qualidades à aprendizagem.

## Perceber

*Perceber* significa descobrir alguma coisa da qual nada se sabia ou não se tinha consciência antes. Há vários atributos que caracterizam as questões que podem ser formuladas pelo professor e pelos alunos para conseguir perceber as perspectivas que procuram: são questões que buscam uma investigação, ou demonstram, pelo menos, uma atitude de curiosidade, ou são questões em aberto, cujas respostas não são conhecidas de antemão. Perceber, dentro de um processo de cooperação, significa expor suas próprias perspectivas para o grupo no bojo do processo de comunicação. É um processo de *examinar possibilidades* e *experimentar* coisas. Assim, *questões hipotéticas,* como as *questões o-que-acontece-se,* também são indicadoras de certo grau de abertura e disposição para perceber novas possibilidades. Perceber significa *aproximar-se* de um assunto e insistir nele antes de rejeitá-lo; por exemplo, ao questionar e examinar um algoritmo embora ele pareça inútil.

Uma questão hipotética pode ser um sinal de que se adentrou um cenário para investigação. O professor pode empregar questões do tipo *o-que-acontece-se* para atrair os alunos para esse cenário. E, quando os alunos entram em contato com essas questões, podem assumir a condução do processo. Perceber está intimamente relacionado com a questão da condução: "De quem são as ideias percebidas?" "Posso adotar essas ideias como *minhas*?" No caso de Maria e André, observamos diferentes formas de determinar o seu grau de condução do processo. Quando o professor deseja que eles restabeleçam a condução do processo, ele procede intencionalmente tentando "passar o bastão".

Maria e André esforçam-se bastante para perceber as perspectivas um do outro. Eles fazem muitas questões que suscitam *explicações, questões hipotéticas e questões de conferência*[51] *e confirmação*. Eles questionam seus próprios motivos a toda hora, examinando-os conjuntamente e concordando em aceitá-los ou rejeitá-los. Assim, o processo de perceber aciona outros elementos investigativos também.

Questões hipotéticas podem ser usadas com outros propósitos, tais como fazer ironia ou demonstrar desinteresse ou irrelevância. A intenção de quem formula a questão e o contexto em que é formulada determinam qual função está em uso. Assim, é necessário que haja uma atitude de curiosidade e uma abertura, a fim de que questões hipotéticas possam ser consideradas como algo construtivo dentro do processo de investigação. Isso vale, do mesmo modo, para outras ações de comunicação. Ou seja, perguntas também podem ser interpretadas como forma de controle, ou manifestação de ironia. Reexaminando a primeira intervenção do professor, na qual ele faz menção a "tantas casas decimais", chegamos à conclusão que, nesse caso, a pergunta passou em branco e não causou más interpretações. É possível que ninguém dê bola para questões hipotéticas, mas há sempre um risco de que sejam levadas a sério e deem a impressão de que o professor intenciona reassumir a autoridade, desviando o rumo dos acontecimentos e transformando a comunicação em uma burocrática troca de comentários entre professor e alunos.

---

[51] NT: O termo original em inglês é *check-questions*.

Em um processo aberto também pode acontecer o "não ser capaz de perceber". Talvez porque um participante venha a ignorar uma sugestão interessante do outro. Diversas dificuldades podem ocorrer quando os alunos rejeitam suas próprias propostas, antes mesmo de examiná-las, ou mostram-se contrários a uma ideia sem ao menos discuti-la. A ausência do professor durante a maior parte do processo impede que ele conheça todas as ideias dos alunos (pelo simples fato de que ele nem sequer as ouve). Mas, quando o professor coopera com os alunos, vemos muitas situações em que ele interfere para que os alunos percebam perspectivas. Por exemplo, depois que ele faz questões hipotéticas, os alunos prosseguem com *questões ampliadoras, esclarecedoras*. Esse questionamento mútuo parece criar novas perspectivas e elucidar outras.

Um conjunto de fórmulas ligeiramente diferente poderia ter sido usado como base para a planilha original. A VAT poderia ter sido incluída no preço através de uma multiplicação entre o preço e o fator 1,25 etc. Ou, mais genericamente, equações da forma $C5 = C4 + x\,C4 = (1 + x)\,C4$ poderiam ter conduzido ao seguinte conjunto:

$C1$ (preço original)
$C2 = 1{,}015\ C1$
$C3 = 0{,}8129\ C2$
$C4 = 1{,}08\ C3$
$C5 = 1{,}25\ C4$
$C6 = 1{,}25\ C5$

Isso teria tornado claro que toda célula está relacionada à célula anterior mediante um fator multiplicativo e a primeira célula, $C1$, está relacionada à última, $C6$, através do produto de todos os fatores. Assim,

$C6 = 1{,}3923453\ C1$

Se o fator multiplicativo 1,3923453 relaciona $C1$ e $C6$, então podemos relacionar $C6$ e $C1$ através da operação inversa, ou seja, a divisão. Se o preço máximo da raquete de tênis de mesa desejado por "Raquetes & Cia." é 89 coroas dinamarquesas, é necessário que o preço do fornecedor seja $89{,}00/1{,}3923453 = 63{,}93112202$ em coroas suecas.

Maria começou esse raciocínio. Ela teria deduzido a VAT fazendo uma divisão por 1,25 ("...teríamos que fazer a divisão por 1,25, certo?"). Portanto, no desenrolar de um processo de cooperação investigativa, podem surgir perspectivas interessantes e relevantes que são ignoradas ou deixadas de lado. Elas *não são percebidas*. Há sempre a possibilidade de que os participantes no processo não sejam capazes de captar uma perspectiva em certa sugestão e seja necessário que uma "autoridade" destaque certas ideias que mereçam atenção particular. E isso não precisa se tornar um problema. Mas é importante entender que mesmo os alunos que participam de processos de investigação maduros estão sujeitos a ignorar ideias e pistas relevantes. A ideia de dividir por 1,25 proposta por Maria foi deixada de lado. André não deu importância e Maria não foi capaz de explicar a ideia por si própria, insistindo que haveria um caminho ali. O professor não estava presente e consequentemente não tomou conhecimento da ideia.

## Reconhecer

Examinar perspectivas e ideias que foram percebidas abre o caminho para que se *reconheça* uma perspectiva e a faça conhecida por todos os envolvidos na investigação. Pode-se, com isso, aprofundar a investigação. Algumas vezes, os participantes *reformulam* e alteram os cálculos para poder *reconhecer* a natureza do problema, matematicamente falando. Em outras palavras, eles intentam *delinear as ideias matemáticas*, o que significa ser capaz de reconhecer um princípio ou algoritmo matemático que surge do processo conjunto de percepção. Um ponto central do projeto "Quanto se consegue preencher com papel?" era elucidar o significado da palavra "preencher", determinando se ela se referia a área ou a volume. Tal delineamento das noções matemáticas é necessário para que se dê sentido às atividades e aos cálculos subsequentes.

Uma *questão-o-que-acontece-se* pode muito bem ser seguida por uma *questão-por-quê*. Associamos a *questão-o-que-acontece-se* com a etapa de percepção, ao passo que, em muitos casos, *questões-por-quê* podem estar relacionadas ao processo de reconhecimento (de perspectivas em geral ou de ideias matemáticas em particular). Dessa forma, o professor ajudou Maria e André a reconhecerem o princípio básico de construção da planilha inversa usando um exemplo, que contou com a participação de Sophia como secretária da receita. O teatrinho evidencia o fato de que, quando se quer inverter uma operação, as porcentagens mudam. Para compreender *questões-por-quê*, é importante delinear as ideias matemáticas. Achamos oportuno demarcar bem claramente a diferença entre *questões-por-quê* da qualidade dessa que acabamos de tratar e *questões-por-quê* não investigativas, que são empregadas usualmente no ensino tradicional para cercear ou controlar a participação dos alunos.

Além disso, precisamos discutir o que se pode chamar de dilema da comunicação baseada no jogo-de-perguntas. Para conseguir delinear certas ideias matemáticas, um professor pode vir a usar uma estratégia baseada em jogo-de-perguntas. Por um lado, isso pode ajudar a elucidar algumas questões. Por outro, os alunos podem se apartar do processo investigativo. Muitas estratégias baseadas em jogo-de-perguntas são usadas no ensino tradicional de Matemática. Talvez os alunos não saibam distinguir uma da outra e podem ficar ofendidos em ambos os casos. No projeto apresentado, o professor teve que enfrentar esse dilema quando tentou reconhecer os princípios matemáticos por trás da inversão da planilha.

No projeto "O que parece, a bandeira da Dinamarca?" também presenciamos um jogo-de-perguntas (ver "Entreato: desafiar e fazer um jogo-de-perguntas"). Nesse caso, o processo conduziu ao reconhecimento de uma regra prática para posicionar as faixas brancas sobre o papel vermelho. Em "Raquetes & Cia.", a situação em que Sophia atuou como secretária da receita também foi marcada pelo jogo-de-perguntas, mas serviu ao propósito de identificar a regra da "inversão das contas". Esse episódio ilustra como é importante saber empregar o bom humor no processo de investigação. Isso fez com que Maria e André entendessem o jogo-de-perguntas não como uma interrupção, mas como uma ajuda para identificar uma ideia, que poderia ser, de fato, uma ideia deles.

*Questões-por-quê* conduzem à *justificação*. Em Matemática, justificação assume uma forma peculiar, a da demonstração. Mas muitas outras formas de justificação são possíveis. No caso de Maria e André, não está claro que a justificação em algum momento foi expressa verbalmente. Há indícios de que houve alguma justificação conjunta no processo, no exato momento em que Maria e André "inverteram as contas". Primeiramente, eles tentam fazê-lo do seu jeito, e o diálogo mostra que eles não estavam convictos do método. Eles não conseguiram reconhecer uma perspectiva que confirmasse o que estavam fazendo: algo estava errado. O longo percurso que tomaram pode ser interpretado como um período no qual eles não reconheceram perspectivas adequadas para justificar o que estavam fazendo. Provavelmente, eles passaram pela experiência na qual alunos trabalham numa zona de risco associada a um cenário para investigação. Contudo, quando, na segunda tentativa, eles conseguiram fazer a inversão, a conversa mostra claramente que eles estabeleceram uma perspectiva comum e reconheceram um princípio que dava sentido, matematicamente falando, ao que estavam fazendo.

No diálogo, podemos depreender o princípio: uma afirmação deve ser colocada em dúvida se não há uma percepção (comum) que confirme a sua veracidade. É um princípio radical, que Maria e André parecem ter seguido à risca. Por exemplo, a diferença do tom da conversa quando eles preparavam a primeira planilha invertida e a alegria que eles manifestaram quando entenderam a ideia da inversão ilustra esse princípio. A elaboração da planilha "errada" não vem acompanhada de uma justificação na forma de percepção comum.

Em certo sentido, o processo de reconhecimento é mais elucidativo do que o processo de percepção, visto que ele inclui o delineamento das ideias matemáticas e a realização da *questões-por-quê* como desdobramentos das *questões-o-que-acontece-se*. Devemos destacar que não apenas as ideias matemáticas podem ser reconhecidas, mas perspectivas em geral, também, as quais podem ser aprofundadas. Perspectivas em geral podem servir como justificativas.

### Posicionar-se

A aprendizagem tem seu começo em algum lugar. Alguma coisa tem que ser conhecida previamente. Quando há mais de um indivíduo envolvido no processo de aprendizagem, torna-se essencial compartilhar o que se sabe. A maneira pela qual se estabelece uma plataforma de conhecimento compartilhado pressupõe uma sensibilidade para a existência de diferentes perspectivas. E pressupõe também um entendimento de que perspectivas podem servir para justificar posições. Obviamente, a maneira de encarar uma situação pode definir justificativas que, no final, podem se mostrar duvidosas ou errôneas. A maneira como Maria e André consideraram inicialmente o princípio de inversão da planilha iria levá-los a resultados inconsistentes. A fim de clarear uma perspectiva, é importante experimentar várias linhas de argumentação. Isso pressupõe *posicionar-se*.

Posicionar-se pode contribuir para a construção de uma perspectiva comum. Posicionar-se significa dizer o que se pensa e, ao mesmo tempo, estar receptivo à crítica de suas posições e pressupostos. Nesse sentido, posicionar-se compreende fazer declarações ou apresentar argumentos, com o propósito de investigar conjuntamente um assunto ou uma perspectiva. Isso é o oposto da reivindicação, que corresponde a tentar convencer o outro de que se está certo, sem querer buscar uma justificação. Posicionar-se fomenta a investigação. Em "Raquetes & Cia.", o comentário de André: "Pelo menos eu não entendi assim" em resposta a uma sugestão de Maria indica uma abertura à investigação. Sua dúvida leva adiante a discussão e não soa como uma objeção decisiva. *Tag questions* como exemplo "certo?", "não acha?" ou "eu suponho?" podem desempenhar a mesma função de chamar à participação.

Dessa forma, posicionar-se tem uma importante implicação adicional que é a focalização e a persistência que são dedicadas a uma declaração ou sugestão e o processo de análise que se dá antes de sua aceitação ou rejeição. Há muitos exemplos disso ao longo da trajetória de Maria e André. No entanto, temos visto, nesse mesmo diálogo, exemplos do caso oposto, especialmente quando Maria rejeita suas próprias sugestões, por exemplo: "Claro que sim, multiplica pela porcentagem, certo? Ah, não!". Ela não defende a sua posição; muito pelo contrário, a retira em favor da perspectiva de André. No esforço que eles fizeram para reconhecer um algoritmo para deduzir a VAT, a sugestão que Maria fez para fazer a divisão por 1,25 poderia tê-los conduzido a uma nova direção na investigação. Mas ela não defendeu seu ponto de vista. Maria devia estar temerosa de cometer erros. Contudo, posicionar-se não significa sustentar uma posição porque ela é pessoal e tem que ser defendida a qualquer custo. Posicionar-se significa argumentar em favor de uma ideia *como se* ela pudesse ser, por um instante, "minha" ideia ou "nossa" ideia. Como parte de um processo investigativo, é importante posicionar-se em favor de ideias alternativas.

## Pensar alto

*Pensar alto* significa expressar pensamentos, ideias e sentimentos durante o processo de investigação. Expressar o que se passa dentro de si expõe as perspectivas à investigação coletiva. Algumas *questões hipotéticas* costumam surgir no pensar alto e estimulam a investigação.

Maria e André tentam entender os passos de seus cálculos ao enunciá-los com cuidado. Pode até parecer uma espécie de tentativa--e-erro, mas é, certamente, uma forma de pensar alto: Como deduzir a VAT? Subtrai 0,25. Não, não pode subtrair. Então, subtrai 25%. Ou, faz uma divisão por 0,25%. Pode somar 25% também. Ou, então, é possível fazer a divisão por 1,25. Esse trecho parece um extenso processo de pensar alto, no qual Maria e André estão à procura de uma regra para usar.

Por meio de um diálogo investigativo coletivo, em que os alunos são estimulados a expressar suas ideias e entendimentos, a aprendizagem pode acontecer. Sugerimos o termo "aprendizagem pela conversação" para descrever um processo de diálogo no qual os participantes examinam e desenvolvem suas concepções e pressupostos sobre um assunto. Assim, "conversação" nesse sentido não é qualquer tipo de conversa, mas uma investigação verbalizada.

Pensar alto pode ser uma forma particular de *tornar o pensamento público*. Por exemplo, diagramas servem para comunicar ideias (não apenas na Matemática). Eles podem ser vistos como forma mais geral de "algo que se aponta", como algo que está visível. Nesse sentido, no caso se Maria e André, por intermédio de uma planilha eletrônica, o "pensamento conhecido publicamente" tornou-se disponível para experimentação. Falando em termos gerais, pensar alto constitui um importante aspecto do processo investigativo, que o torna público, possibilitando aprofundamentos. Computadores costumam ser vistos como ferramentas do processo de aprendizagem, mas podem ser mais do que isso, podem reestruturar todo o processo.[52]

Estamos de acordo com esse segundo enfoque, mas queremos enfatizar que o computador, mais especificamente o programa de planilha eletrônica, proporciona uma nova forma de pensar alto. Os procedimentos matemáticos se tornam tangíveis e os participantes abusam de apontar a tela durante a conversação. Novas formas de pensar alto favorecem novas formas de aprendizagem e de coletividade.

## Reformular

*Reformular* significa repetir o que já foi dito com palavras ligeiramente diferentes ou com um tom de voz diferente. Um possível significado para reformular é *parafrasear*, que é dizer as mesmas coisas novamente, procurando focar os termos e as ideias-chave. Parafrasear pode ser usado por um participante para confirmar o que ouviu de um outro e como um convite para uma reflexão mais profunda. Dessa maneira, os participantes podem confirmar que possuem um entendimento comum ou, pelo contrário, delimitar as divergências que precisam ser superadas. Reformular nesse sentido é um elemento importante no processo de escuta consciente, no qual os participantes seguem de perto os demais, a fim de conhecer as perspectivas uns dos outros. Esse elemento foi predominante na cooperação investigativa de Maria e André.

Uma reformulação pode ser iniciada através de *questões de conferência*, por meio das quais cada um pode averiguar se foi entendido corretamente pelo outro, ou se aquilo que imagina é, de fato, o que se passa. Questões de conferência servem como importantes ferramentas de elucidação em qualquer processo de argumentação, bem como no processo de investigação como um todo. Outro processo que se manifesta de forma muito próxima ao reformular e ao pensar alto é o *complementar meias-falas*. Vimos como Maria e André empregaram esse princípio em seus esforços para entender um ao outro

---

[52] Um exemplo de aplicação da informática de maneira reestruturante pode ser vista em Borba e Penteado (2001).

e interpretamos isso como um sinal de que a responsabilidade pelo processo foi dividida por ambos.

Através da reformulação podem-se detalhar *questões-o-que-acontece-se* e *questões-por-quê* e, por isso, ela é importante. Dessa forma, ganha-se mais precisão na argumentação. Contudo, ela também é um importante elemento emocional já que desempenha a função de *manter contato* durante a investigação. Nesse sentido, reformular torna-se um desdobramento de "estabelecer contato", porém, "manter contato" está ligado à etapa central do processo de investigação. O diálogo entre Maria e André é muito marcado pela presença de reformulações.

## Desafiar

*Desafiar* significa tentar levar as coisas para uma outra direção ou questionar conhecimentos ou perspectivas já estabelecidos. Uma proposta defendida pode ser desafiada, por exemplo, através de *questões hipotéticas* iniciadas com um *o-que-acontece-se*. Já havíamos associado questões *o-que-acontece-se* com perceber e, certamente, perceber uma perspectiva alternativa pode ser visto como um grande desafio. Desafiar e questões hipotéticas são conceitos relacionados. Ambos podem servir como atrativo para um *exame de novas possibilidades*. Isso é o que aconteceu quando o professor fez os alunos seguirem sua sugestão de inverter a planilha.

Uma precondição para que se possa desafiar os alunos é *esclarecer perspectivas*. Uma razão para a resistência dos alunos à primeira intervenção do professor talvez tenha sido o não cumprimento dessa precondição. Talvez eles não tivessem pensado que o professor poderia estar consciente da direção que eles estavam tomando (e das razões) e que levou isso em conta quando fez sua sugestão.

Um desafio pode ocorrer por meio de um novo posicionamento ou por meio de um *reexame de perspectivas* que já estão consolidadas. Tal desafio pode se aplicar tanto à perspectiva de quem é desafiado quanto à de quem faz o desafio. Um desafio é bem-sucedido quando os alunos o entendem. Vimos como Maria e André não responderam quando o professor interveio da primeira vez. Mas vimos também como eles entenderam que "virar a planilha de cabeça para baixo" poderia ser um desafio de verdade, trazendo nova abordagem para seu trabalho. Eles compraram a ideia, que se tornou um *ponto de inflexão em sua investigação*. Talvez outros desafios tenham sido subestimados ou ignorados, como no caso no qual Maria sugeriu a operação de divisão para resolver o problema de inversão da planilha. Vale ressaltar, por fim, que um desafio cumpre o seu papel também, caso ela seja refutado, por exemplo, com um bom argumento.

## Avaliar

Uma *avaliação* pode assumir muitas formas. Correção de erros, crítica negativa, crítica construtiva, conselho, apoio incondicional, elogio ou novo exame é uma lista incompleta. Uma avaliação pode ser feita por terceiros ou pelo próprio indivíduo. Na atividade analisada, "Raquetes & Cia.", observamos dois tipos de avaliação realizadas pelo professor. Uma é a atenção contínua com que ele acompanha o que os alunos estão fazendo. Outra é a avaliação final, na qual ele manifesta seu apoio total ao trabalho e faz elogios. Maria e André também avaliam o próprio desempenho. "Fomos muito espertos" é um exemplo. A reação não verbal que ocorreu no final das atividades é um indício inquestionável de que os alunos fizeram sua autoavaliação.

Na avaliação, os aspectos emocionais e cognitivos do processo de investigação convivem lado a lado.

No presente capítulo, fizemos um esforço para melhor especificar os elementos do Modelo-CI, ponderando sobre diversos conceitos inter-relacionados, que surgiram de nossa análise. Assim, *estabelecer contato* envolve: questões investigativas, prestar atenção, *tag questions,* confirmação recíproca, apoio mútuo e bom humor. *Perceber* foi descrito valendo-se de indícios de investigação, curiosidade, questões ampliadoras e elucidativas, aproximação, questões de conferência, exame de possibilidades e questões hipotéticas. *Reconhecer* envolve esforços de explicação e justificação e o delineamento de ideias matemáticas. *Posicionar-se* é crucial para esgotar as possibilidades das justificações e está intimamente ligado a argumentação e observação. *Pensar alto* frequentemente surge na forma de questões hipotéticas e na manifestação de pensamentos e sentimentos. *Reformular* pode ocorrer como parafraseamento, complementação de meias-falas e manutenção do contato. Pode-se *desafiar* por intermédio de questões hipotéticas, exame de novas possibilidades, elucidação de perspectivas, atingindo, assim, um ponto de inflexão na investigação. *Avaliar* pressupõe apoio, crítica e *feedback* construtivos.

O desenvolvimento do Modelo-CI ajudou-nos a concretizar importantes características de comunicação de um processo de aprendizagem investigativo, no qual o exame de perspectivas e a habilidade de refletir sobre diferentes perspectivas são metas cruciais. Como vimos, isso exige a curiosidade para examinar, de forma aberta e sem retaliações, novas ideias e sugestões e uma flexibilidade para mudar de direção quando uma nova perspectiva é percebida ou uma já existente é alterada. Já mencionamos como é importante que o desafio apresentado pelo professor esteja adequado às competências e habilidades dos alunos, a fim de que ele seja efetivamente recebido e aceito conquanto desafio.

O Modelo-CI consiste em um conjunto de elementos de comunicação, que podem ocorrer de diversas formas e em qualquer ordem. Às vezes, o fluxo da comunicação pode ser interrompido por outros padrões de comunicação, talvez por elementos alterados do Modelo-CI, como quando um desafio se transforma num jogo-de-perguntas. Nosso interesse se volta para esse conjunto de elementos, já que nossa expectativa é que o Modelo-CI represente certas qualidades de comunicação que nos conduzirão a certas qualidades de aprendizagem, que almejamos. Embora tenhamos apresentado esses elementos de forma um tanto isolada, eles representam aspectos de um mesmo processo unificado de investigação. A separação serve somente como recurso analítico, para que uma apresentação detalhada fosse possível.

Capítulo IV

# Diálogo e aprendizagem

Nossa atenção, até agora, esteve voltada principalmente para as qualidades de comunicação que se manifestam em processos de aprendizagem. No capítulo 1, abordamos um tipo de comunicação em que predominam o jogo-de-perguntas e a adivinhação. Tratávamos, naquele capítulo, da escola absolutista, aquela que confere ao erro e à correção dos erros papéis principais no processo educativo. Referimo-nos, então, ao paradigma do exercício, comumente marcado pela presença do absolutismo burocrático. Nos capítulos II e III, colocamos esse paradigma em questão, ao introduzir cenários para investigação, examinando, por exemplo, as perspectivas dos alunos conquanto instrumentos de aprendizagem, e desenvolvemos um modelo de comunicação para a cooperação investigativa, o Modelo-CI.

No presente capítulo, queremos relacionar o Modelo-CI com outros conceitos numa perspectiva teórica. Estamos particularmente interessados na noção de diálogo, que tem uma relação próxima com certa interpretação de investigação, preocupada com aspectos comunicativos. Entendemos um diálogo como uma conversação que visa à aprendizagem. Isso aponta para uma interpretação na qual o diálogo não é concebido como uma conversação qualquer, mas, sim, como uma conversação com certas qualidades: "Dialogar é mais do que um simples ir-e-vir de mensagens; ele aponta para um tipo especial de processo e de comunicação em que os participantes 'se encontram', o que implica influenciar e sofrer mudanças" (CISSNA; ANDERSON, 1994, p. 10). Discutiremos essas qualidades com atenção especial ao seu potencial com respeito à aprendizagem.

Os elementos do Modelo-CI surgiram das observações de aulas de Matemática. A noção de diálogo que vamos apresentar neste capítulo foi desenvolvida através de um aparato teórico que inclui elementos ideais, e, por isso, tal noção não se restringe apenas à Matemática. Ou seja, o diálogo, tal qual o estudamos, passa a ser um conceito ideal, caracterizado por certas qualidades, e pretendemos relacioná-las com os elementos do Modelo-CI e com certas qualidades de aprendizagem.

## Qualidades de diálogo

A palavra diálogo, etimologicamente falando, vem do grego *dia*, que significa "através", e *logos*, que pode ser traduzido como "significado" (BOHM, 1996, p. 6). Essas referências etimológicas podem servir de inspiração para maior esclarecimento sobre a questão. Por exemplo, John Stewart conclui: "Portanto, diálogo, nesse sentido, quer dizer 'significar através', ou seja, o processo de facilitar o desenvolvimento do significado por entre (através de) as pessoas envolvidas em sua coconstrução" (STEWART, 1999, p. 56). William Isaac afirma: "Durante o processo de diálogo, as pessoas aprendem a pensar junto não apenas no sentido de analisar um problema comum que envolve criar conhecimentos comuns, mas no sentido de preencher uma sensibilidade coletiva, na qual pensamentos, emoções e ações decorrentes pertencem não a um único indivíduo, mas a todos ao mesmo tempo" (ISAACS, 1994, p. 358). Dialogar, nesse sentido, difere de discutir, que significa "triturar em pedaços" em latim (ISAACS, 1999b, p. 58). Um diálogo busca o oposto, isto é, construir novos significados em um processo colaborativo de investigação.

Na Introdução, ao referirmo-nos a Freire (1972), relacionamos diálogo e emancipação. Dialogar, nesse contexto, é uma forma humilde e respeitosa de cooperar com o outro numa relação de confiança mútua. De acordo com Rogers (1962), cria-se uma relação facilitadora por meio de certo tipo de contato entre os participantes.[53] David Bohm enfatiza que os participantes de um diálogo "fazem algo em comum, isto é, criam algo novo juntos" (Bohm, 1996, p.2). Judith Lindfors diz que "diálogos que são verdadeiramente dialógicos [são] interações que são 'explorativas, tentadoras e convidativas'" (Lindfors, 1999, p. 243).

A lista de interpretações não para por aí. Mas queremos examinar pormenorizadamente uma dessas declarações. A frase de Lindfors, "diálogos que são verdadeiramente dialógicos", menciona diálogo duas vezes. A primeira ocorrência de "diálogo" pode ser interpretada como uma conversação corriqueira, que é a acepção que usamos no dia a dia. A segunda ocorrência, "verdadeiramente dialógica", refere-se a um conceito mais idealizado de diálogo. Nem tudo que costumamos chamar de diálogo pode ser entendido como um diálogo de verdade. Há algumas condições para tanto. Lindfors sugere que um diálogo de verdade é explorativo, tentador e convidativo. Parece fazer sentido, mas como justificar essa afirmação? Consideramos que tal justificativa é de natureza conceitual. E está relacionada com a forma que escolhemos para empregar a noção de diálogo. Nós também fizemos nossas escolhas; optamos por certas qualidades "ideais" para construir uma noção diálogo, como veremos a seguir.

A noção de diálogo faz parte do vocabulário de correntes filosóficas, epistemológicas, antropológicas e da teoria de comunicação bem distintas.[54] O diálogo pode ser interpretado em termos de "encontro", como na antropologia filosófica de Martin Buber (1957), na qual o encontro entre pessoas é a categoria existencial básica. A ênfase de Freire no diálogo também pode ser enquadrada nessa linha. Sua descrição de diálogo parece ser a de uma categoria humana e política básica, que é concomitantemente essencial para a aprendizagem. O diálogo também pode ser descrito em termos de qualidades de relações interpessoais, como na psicologia humanística de Rogers (1962,

---

[53] Rogers não usa a noção de diálogo, mas seu trabalho acerca das relações facilitadoras (*facilitating relationships*) tem sido interpretado dessa forma. Ver, por exemplo, Cissna e Anderson (1994) e Kristiansen e Bloch-Poulsen (2000).

[54] Esse apanhado das diferentes correntes que discutem o diálogo toma por base Kristiansen e Bloch-Poulsen (2000, p. 191).

1994). Nela, as qualidades do diálogo podem favorecer a realização de um processo terapêutico, bem como facilitar uma abordagem centrada em pessoas na educação (como mencionamos na Introdução).[55] Bohm (1996) preconiza que o diálogo proporciona uma perspectiva epistemológica holística, e Isaacs (1994, 1999a), seu seguidor, entende o diálogo como uma investigação coletiva em busca de pressupostos básicos que estão presentes nos contextos organizacionais e são indicativos da aprendizagem organizacional.

O diálogo pode ser examinado em termos de construção, não apenas construção do conhecimento, mas também construção de relação, como no construcionismo social de Gergen (1973, 1997). O diálogo como construção também está presente na teoria da linguagem e da literatura de Mikhail Bakhtin (1990, 1995). Em se tratando da corrente filosófica hermenêutica, o diálogo corresponde a uma "mescla" entre os horizontes do intérprete e do interpretado (GADAMER, 1989). É fato que discussões sobre fundamentos na Filosofia ajudam a esclarecer aspectos do diálogo, a começar pela perspectiva epistemológica. Podemos pensar também nas questões dos atos de comunicação e da ética do discurso apresentadas por Jürgen Habermas (1984, 1987), e na discussão da teoria da justiça de John Rawl (1971). A filosofia da matemática de Lakatos (1976), voltada para o jogo entre demonstrações e refutações, pode ser interpretada em termos de diálogo, como ele mesmo evidenciou ao adotar o gênero literário do diálogo na sua obra. A relação de concepções de diálogo não está completa, mas não podemos nos esquecer de que, na linguagem do dia a dia, diálogo é usado como sinônimo de conversação e comunicação (MARKOVA, FOPPA (eds.), 1990, 1991).

Os multidesdobramentos teóricos do conceito de diálogo nos obrigam a especificar o termo quando nos propomos a relacioná-lo com a aprendizagem. Tentaremos organizar nossa primeira caracterização de diálogo em termos de elementos ideais. Focaremos três aspectos do diálogo: (1) realizar uma investigação; (2) correr riscos e (3) promover a igualdade.

---

[55] Bicudo (1978) vê o educando como estando em um processo de "tornar-se". Ela desenvolve esta perspectiva com referência a Rogers e Buber.

Ao enfatizar esses aspectos, conseguimos focalizar com mais facilidade nossa interpretação de diálogo e aprendizagem. Embora pudéssemos defender que "realizar uma investigação" também faça parte do diálogo que acontece entre um terapeuta e seu cliente ou numa negociação política, nosso interesse mesmo é empregar esse aspecto em nossa interpretação epistemológica de diálogo. "Correr riscos" é uma forma de expressar a natureza imprevisível dos desdobramentos de um diálogo. "Promover a igualdade" refere-se a um tipo de relacionamento interpessoal que é essencial para o diálogo.

## Realizar uma investigação

Realizar uma investigação significa abandonar a comodidade da certeza e deixar-se levar pela curiosidade. Isaacs descreve um diálogo como "uma investigação coletiva e autossustentável da experiência cotidiana em que nós nos fiamos" (ISAACS, 1994, p. 253-254). Queremos enfatizar que um diálogo é uma conversação de *investigação* (ou *inquérito*). Os participantes desejam descobrir algo eles querem obter conhecimentos e novas experiências. O processo de diálogo incentiva as pessoas a compartilhar o seu desejo de investigar. Tomar decisões não faz parte do diálogo: " 'Inquérito' vem do latim 'inquaerere', procurar dentro. [...] A palavra decisão vem do latim 'decidere', que significa literalmente 'matar alternativas'. O melhor a fazer em um diálogo é não ter resultados em vista, mas apenas a intenção de desenvolver uma investigação profunda, aonde quer que ela o conduza" (ISAACS, 1994, p. 375). Um processo de investigação não tem fim.

Lindfors, que está preocupada com a questão da aprendizagem na educação, caracteriza a investigação como uma atividade que exige uma "postura" de mente aberta e curiosidade: "O investigador volta-se para parceiros e assuntos que são incertos e convidativos" (LINDFORS, 1999, p. 106). É essa postura de incerteza e convite rumo ao outro que guia o investigador no novo terreno, na sua busca por auxílio e assistência.

Lindfors apresenta o termo "investigação colaborativa" (LINDFORS, 1999, p. 157) no sentido de "engajar-se numa reflexão conjunta" na qual os parceiros tentam alcançar novos entendimentos através de um processo de sondagem comum.[56] Alguns atos investigativos são identificados: explicar, elaborar, sugerir, apoiar, avaliar consequências. Eles são identificados como atos investigativos, pois constituem tentativas de *ir além*, e ajudam outros a ir além do seu pensamento estabelecido. Nesse sentido, investigar atua no campo que está entre o-que-se-sabe e o-que-ainda-não-se-sabe ou numa Zona de Desenvolvimento Proximal, para usar uma expressão de Lev Vygotsky (1978, p. 84). Colocando de forma mais ampla, nossa noção de investigação inclui coletividade e colaboração. Naturalmente a noção de investigação poderia ser trabalhada em termos individuais, explicando como o indivíduo conduz um processo de investigação que é só dele. Mas não é essa a abordagem que nós adotaremos.

Começar uma investigação significa assumir a condução[57] da atividade. Os participantes da investigação conduzem suas atividades e são responsáveis pela forma como elas se desenrolam e pelo que podem aprender com elas. Os elementos de uma condução compartilhada ajudam a distinguir um diálogo conquanto investigação de muitas outras formas de investigação e conversação. Observamos exemplos disso no padrão de comunicação do jogo-de-perguntas, que, de alguma forma, representa uma investigação, mas não representa um diálogo.

Isaacs cita Argyris (1988) ao chamar a atenção para a combinação da investigação com o posicionamento em um diálogo:

> Posicionar-se significa dizer o que se pensa, assumindo um certo ponto de vista. Investigar significa olhar na direção do desconhecido, daquilo que não se entende, ou buscar descobrir o que outros veem e entendem e que difere do seu ponto de vista. É a arte de fazer questões de verdade, aquelas que buscam entender as razões que levam as pessoas a fazer o que elas fazem assim como questionar o que elas fazem [...] Equilibrar posicionamento e investigação significa estabelecer com clareza e confiança o que

---

[56] Essa formulação está em sintonia com a discussão de democracia vista como coletividade, transformação, deliberação e coflexão [neologismo que significa reflexão coletiva] (ver VALERO, 1998a; SKOVSMOSE; VALERO, 2001).

[57] NT: O termo original em inglês é *ownership*, que admite as traduções: propriedade, posse. Optamos pelo termo "condução" por referir-se sempre à posse de um processo.

se pensa e por quê, sem jamais perder a perspectiva de que se possa estar enganado" (Isaacs, 1999a, p. 188).

Expressar um perspectiva como forma de "posicionamento" faz parte de nossa concepção de investigação. Poder dizer tudo o que se pensa é uma condição para que uma investigação seja considerada coletiva. Isso realça o fato de que, em um diálogo, as fontes de investigação podem estar também nos próprios participantes e em suas perspectivas. É possível defender uma perspectiva e também defender certo ponto através de uma perspectiva.

A noção de investigação pode estar relacionada com pesquisa e aprendizagem em geral. É possível realizar uma investigação nos mais diversos assuntos, com o propósito de obter conhecimento. Dessa forma, privilegiar o diálogo significa prestigiar certo tipo de investigação, e esse tipo de investigação tem muito a ver com os participantes, através de seus pensamentos e sentimentos, entendimentos e pressupostos a respeito das coisas, das ideias e das possibilidades. No diálogo, é importante explorar as perspectivas dos participantes como fontes de investigação. É importante também estar disposto a abrir mão de uma perspectiva para construir outras. Comentaremos esses três aspectos de "realizar uma investigação" e sua relação com a noção de perspectiva.

*Explorar as perspectivas dos participantes* não pode acontecer como uma espécie de transmissão. Os participantes do diálogo vivenciam um processo colaborativo de investigação de perspectivas. Nesse processo, perspectivas devem ser expressas em palavras para que se tornem tangíveis na superfície da comunicação. O processo de explicitação das perspectivas pode revelar perspectivas escondidas, que podem servir como motivo para a continuação da investigação. Além disso, cada participante pode ter novos *insights*, ao vislumbrar um problema ou uma solução a partir de uma nova perspectiva. Em sala de aula, o professor, ao explorar as perspectivas dos alunos através do diálogo, tenta ajudá-los a expressar seu conhecimento tácito.[58]

---

[58] Esse termo é uma referência a Polanyi (1966). Falar em Educação Matemática nesse sentido significa dizer que é o *insight* produzido pelo processo de investigação que está em debate, e não a qualidade de certa ou errada de uma resposta. Isso não quer dizer, contudo, que não haja um sentido do que seja certo ou errado, mas que o foco da exploração de perspectivas foi direcionado para outros fins.

Dialogar também preconiza uma *disposição para abrir mão de uma perspectiva* nem que seja por um breve instante. Bohm (1996, p. 20) usa um termo similar, "abrir mão de pressupostos", que significa nem se prender aos pressupostos, nem rechaçá-los. O ponto é mantê-los em um nível no qual opiniões proliferem sem deixarem de poder ser examinados e explorados: "Abrir mão exige que afrouxemos nosso apego à certeza" (Isaacs, 1999a, p. 147). Abrir mão de pressupostos ou perspectivas significa estar consciente deles antes de qualquer coisa. Expressá-los é uma condição indispensável em qualquer investigação coletiva, mas colocá-los como algo inquestionável significa obstaculizar o diálogo. Abrir mão de pressupostos significa estar disposto a analisar o que aconteceria *se* os pressupostos não fossem mantidos, mas abrir mão não quer dizer abandonar o pressuposto definitivamente.

Nesse sentido, abrir mão de pressupostos está intimamente ligado a "posicionar-se", quando se diz o que pensa não como uma verdade absoluta, mas como algo que está aberto a exame: "Significa explorar novos pressupostos a partir de novos ângulos: trazendo-os para o centro das atenções, explicitando-os, dando-lhes a devida importância e tentando entender de onde eles vieram" (Isaacs, 1994, p. 378). Para que um professor participe de um diálogo em sala de aula, ele não pode ter respostas prontas para problemas conhecidos; ter curiosidade a respeito do que os alunos fariam e estar disposto a reconsiderar seus entendimentos e pressupostos são requisitos para a participação do professor no diálogo. O maior ganho que o professor pode ter é que, ao observar, refletir e expressar sua visão de mundo em um processo cooperativo, ele pode mudar e vir a saber coisas de uma nova forma. Para os alunos, isso significa estarem prontos para abrir seu mundo a exploradores, entrarem em processos momentaneamente incertos e entenderem que não há respostas absolutas para suas questões.

Explorar perspectivas não se limita a fazer considerações sobre perspectivas já existentes, isto é, perspectivas que implícita ou explicitamente são associadas a participantes do diálogo. Uma exploração pode ocorrer de forma ainda mais radical. Ela pode significar *construir novas perspectivas*. Chegamos a um entendimento de que esse elemento é parte integrante de qualquer diálogo. Se pensamos que o propósito de um diálogo é estabelecer algum tipo de compromisso, então faz sentido pensar em exploração de perspectivas como uma exploração de perspectivas já estabelecidas. Mas, se pensamos o diálogo como um processo de descoberta e aprendizagem, então passa a ser importante ver as coisas de uma nova forma. Perspectivas construídas dialogicamente não precisam ser uma manifestação de nenhuma perspectiva preexistente. Embora as perspectivas dos estudantes sejam uma fonte para o processo de investigação, o diálogo pode revelar algo radicalmente novo. O professor pode enxergar coisas novas também. Nesse sentido, vemos o diálogo como um processo colaborativo de construção de perspectivas.

A natureza do processo investigativo que temos em mente é, no entanto, absolutamente diferente dos passos construtivos sugeridos pelo construtivismo radical. Nele as construções são realizadas pelo indivíduo, enquanto nós nos alinhamos com o construtivismo social, que concebe a construção como produto coletivo. Por essa razão, enfatizamos a noção de cooperação investigativa.

## Correr riscos

Começar uma investigação em que pré-concepções foram momentaneamente deixadas de lado significa acreditar que algo imprevisto possa acontecer. Crenças e visões de mundo estabelecidas, ao serem confrontadas e desafiadas por uma investigação, deveriam ser passíveis de mudanças e aperfeiçoamentos. Um diálogo é algo imprevisível. Não há respostas prontas, conhecidas de antemão, para os problemas. Elas surgem através de um processo compartilhado de curiosa investigação e reflexão coletiva, com o propósito de obter conhecimento. Imprevisibilidade significa o desafio de experimentar novas possibilidades, como vimos, por exemplo, no Capítulo III quando Maria e André iniciaram a inversão da planilha, e significa também correr riscos ao sondar e experimentar coisas.

Dialogar envolve assumir riscos tanto no sentido epistemológico quanto no emocional. Esses dois aspectos, contudo, ocorrem juntos e só podem ser separados com fins analíticos. Em um diálogo, os participantes dividem pensamentos e sentimentos eles dão um pouco de si mesmos: "O processo [de diálogo] envolve pessoas que pensam junto, portanto ele requer compromisso, foco, atenção e a disposição para arriscar expor suas próprias ideias à medida que você descreve e explica aquilo em que acredita" (STEWART, 1999, p. 56). Isso torna os participantes abertos à investigação e à aprendizagem, mas essa abertura os deixa, ao mesmo tempo, vulneráveis.

Arriscar pode ser visto como algo negativo, quer dizer, associado à primeira vista a sentimentos desconfortáveis que surgem quando uma sugestão ou opinião é refutada ou questionada. Mas arriscar inclui também uma possível euforia experienciada quando, por exemplo, uma sugestão se encaixa na visão geral do problema e torna-se patente que a sugestão originalmente um mero detalhe na perspectiva do próprio autor veio a desempenhar um papel de grande relevância na investigação. Dialogar é arriscado, na medida em que pode mexer com sentimentos ruins, bem como causar alegria. Isso fica evidente quando observamos o diálogo entre Maria e André como um todo. Parece imprevisível a direção que as emoções podem tomar.

Dialogar é arriscado, também, em termos de conteúdo epistêmico. Ou, como já dissemos, dialogar é algo visceralmente imprevisível. Por isso, é importante fazer uma relação entre a discussão sobre metodologia científica e o conceito de diálogo. Ao falar de metodologias, processos científicos podem estar envolvidos. Metodologias deixam subentendido que é possível especificar procedimentos para obter o conhecimento (da natureza, por exemplo). Dessa forma, John Dewey se empenhou em estudar metodologia científica, visto que ele acreditava que ela era importante não apenas para o progresso científico, mas também para qualquer processo de obtenção do conhecimento, incluindo processos de aprendizagem que ocorrem na escola. Nós não compartilhamos dessa expectativa de que há uma metodologia geral para obtenção do conhecimento. Estamos mais alinhados com a obra *Against method*,[59] na qual Paul Feyerabend (1975) salienta não haver um padrão básico na metodologia científica. Da mesma forma, não encontramos padrões básicos em processos dialógicos. Eles são imprevisíveis e arriscados.

---

[59] NT: Contra o método.

Numa sala de aula, os alunos podem parecer envolvidos numa atividade, sugerindo produtividade, mas, na verdade, podem estar perdidos. Nesse caso, uma investigação pode incomodar. Para que o diálogo aconteça em um ambiente educacional, é importante que o desconforto não seja exagerado, pois os alunos podem ficar tão frustrados, chegando ao ponto de desistir. O importante é não remover o risco, mas estabelecer um ambiente de aprendizagem confortável e respeitoso e uma atmosfera de confiança mútua, nos quais se torna possível experimentar incertezas passageiras (ALRØ; KRISTIANSEN, 1998, p. 170). Uma questão essencial é como, em tal situação, um professor pode agir como um supervisor, cuidando para que os alunos não se percam quando enfrentarem a situação de risco, sem, contudo, eliminar o risco por completo. Isaacs adotou o termo "contêiner" ou "campo de investigação" para designar esses ambientes que surgem à medida que um grupo avança no processo dialógico: "Um contêiner pode ser entendido como o conjunto de pressupostos coletivos, intenções compartilhadas e crenças de um grupo. À proporção que eles avançam no andamento do diálogo, os participantes percebem que o 'clima' ou a 'atmosfera' do grupo está mudando, e gradualmente sentem que o entendimento comum está mudando-o" (ISAACS, 1994, p. 360). Um diálogo em sala de aula não pode ocorrer sob a égide do medo ou da força. Há de haver um clima de confiança mútua.

A noção de zona de risco foi desenvolvida por Penteado (2001) ao estudar o uso de computadores em ambientes de aprendizagem, que podem ser caracterizados como cenários para investigação.[60] A questão é que trocar o paradigma do exercício por um cenário para investigação implica também deixar uma zona de conforto e entrar em uma zona de risco. O que pode acontecer na sala de aula torna-se imprevisível. O ponto, porém, é não retornar para a zona de conforto proporcionada pelo paradigma do exercício, mas tirar proveito do potencial de aprendizagem que passa a existir na zona de risco associada ao cenário para investigação. Essas considerações estão de acordo com nossa interpretação de diálogo. Consideramos que cenários para investigação estimulam a cooperação investigativa e

---

[60] Ver também Borba e Penteado (2001).

os padrões de comunicação investigativos, que podem ser entendidos como diálogo.[61] Riscos são uma parte intrínseca do diálogo, com suas consequências positivas e negativas.

A noção de seres-humanos-com-mídias também desempenha papel importante no entendimento da noção de diálogo, bem como dos riscos associados ao diálogo. Borba e Villarreal (2005) percebem e apresentam os seres-humanos-com-mídias no processo de interpretação da aprendizagem como uma "unidade". "Seres-humanos" aparecem no plural porque é importante considerar a aprendizagem como um processo de interação entre várias pessoas, o que pressupõe comunicação e diálogo. Além disso, todo processo de aprendizagem envolve algum tipo de "instrumento"; pode ser papel e caneta ou tecnologias de informação e comunicação. Isso é pontuado pelos autores através da noção de "mídias", que também vem no plural. Nós não enfocamos explicitamente cenários para investigação realizados por intermédio de ambientes computacionais, mas essa mídia tem o potencial para apoiar tal abordagem.

## Promover a igualdade

Um diálogo tem por base o princípio da igualdade. Em um diálogo, não há demonstrações de força e "ninguém está querendo vencer" (Bohm, 1996, p. 7). Um participante não pode estar acima do outro. Um diálogo avança em função da pujança da investigação e não é influenciado por considerações acerca, digamos, das consequências de se fazer certas conclusões. Esse aspecto do diálogo pode ser entendido em termos da análise da comunicação de Habermas. Um diálogo não pode ser influenciado pelos papéis (e o poder associado a esses papéis) das pessoas que participam do diálogo. Mas como trazer isso para a sala de aula, onde os processos de ensino e aprendizagem estão visceralmente associados aos papéis de professor e aluno, numa relação desigual? Professor e aluno são posições diferentes, profissionalmente falando; do contrário, não haveria ensino. Contudo, eles podem tentar ser igualitários no nível das relações e comunicações interpessoais.

---

[61] Ver a apresentação de cenários para investigação em Skovsmose (2000b), em que essa noção é ilustrada com outros exemplos.

É importante fazer a distinção entre igualdade e uniformidade.[62] Assim, Jill Adler (2001a, p. 187) usa o termo equidade "para contemplar diversidade e diferença não através da uniformidade, mas sim da justiça". Usamos o termo igualdade para designar o que Adler chama de equidade. Consequentemente, promover a igualdade não significa negar a diversidade e as diferenças. Ser igualitário significa saber lidar com a diversidade e a diferença, e a chave para isso é a justiça. Justiça não tem a ver somente com aspectos emocionais, ela também se refere à forma com que se lida com o conteúdo do diálogo. Por isso, promover a igualdade em um diálogo entre professor e alunos inclui lidar com a diversidade e as diferenças.

Participar de um diálogo é algo que não deve ser imposto a ninguém. Em sala de aula, isso significa que o professor pode convidar os alunos para um diálogo investigativo, mas eles têm de aceitar o convite para que o diálogo aconteça. No Capítulo II, sugerimos que cenários para investigação poderiam proporcionar esse convite e, no Capítulo III, testemunhamos alunos aceitando o convite e iniciando um diálogo. A noção de convite reflete a noção de igualdade. Se, digamos, os alunos são forçados a fazer alguma coisa, então o princípio da igualdade se perde.

Com referência à aprendizagem de Matemática, Stieg Mellin-Olsen descreve um diálogo como "um método de confrontação e exploração de discordâncias [...] em um ambiente amistoso e cooperativo" (MELLIN-OLSEN, 1993, p. 246). É importante observar que "promover igualdade" não significa "promover o acordo". O propósito do diálogo é o desenvolvimento epistêmico, não na forma de consenso, mas como uma "busca por um entendimento mais profundo, juntamente com os parceiros no diálogo" (MELLIN-OLSEN, 1993, p. 247).

A forma de contato é importante para que, em uma relação naturalmente desigual, a igualdade seja promovida. Rogers descreve três características essenciais para que uma pessoa favoreça a aprendizagem da outra: coerência, empatia e consideração.[63] Ser coerente significa ser verdadeiro, sem máscaras nem fachadas. Os pensamentos e sentimentos do facilitador devem ser consistentes com sua forma

---

[62] NT: Os termos originais em inglês são: *equality* e *sameness*.

[63] NT: Os termos originais em inglês são: *congruence, empathy, positive regard*, respectivamente.

de agir, e isso deve ser óbvio para ele mesmo e para o interlocutor. Coerência significa ser transparente e genuíno (ROGERS, 1962, 1994). Em um diálogo, coerência pode ser vista explicitamente através da metacomunicação e do posicionamento. Empatia significa que o facilitador tenta entender a visão de mundo do interlocutor como se fosse a sua própria. O facilitador deve estar em sintonia com as expressões do interlocutor, a fim de ajudá-lo a esclarecer sua perspectiva. Deve-se cuidar para que essa atitude de empatia, em que tudo se passa "como se fosse" o outro, não decline. Isso significa que o facilitador não deve perder a consciência de sua própria perspectiva, embora, por outro lado, ele corra o risco de mudá-la. Assim, uma atitude empática pode levar a uma elucidação de perspectivas comuns ou a uma consciência das perspectivas diferentes. A terceira condição é a consideração. A fim de que alguém seja capaz de prestar auxílio a outra pessoa, precisa aceitá-la e respeitá-la como pessoa. Isso implica respeitar a alteridade do outro sem intenção de mudá-lo. É importante para a relação que essas condições facilitadoras sejam experienciadas também pelo outro. Dessa forma, coerência, empatia e consideração podem proporcionar as precondições para a promoção da igualdade, mesmo numa relação assimétrica, onde a forma do contato e da comunicação podem facilitar o processo de aprendizagem.

Com base na autoridade, não se pode impor um diálogo de forma alguma. Um diálogo só pode desenrolar-se por meio de suas próprias fontes dinâmicas, pelas perspectivas, emoções, intenções, reflexões e ações de parceiros em posições as mais igualitárias possíveis. Esse princípio de igualdade é um elemento definitivo da pedagogia de Freire.

## Atos dialógicos – o Modelo-CI reconsiderado

"Como fazer coisas com palavras" é o título das famosas palestras de John Austin (1962) acerca da teoria dos atos da fala. Essa teoria preconiza que muitas coisas diferentes podem ser feitas por intermédio da linguagem.[64] O pressuposto básico é que a fala inclui o ato. Nós não apenas falamos através de palavras e frases, mas agimos

---

[64] Ver também Austin (1970).

também. Participar de um diálogo é também uma forma de ação e produção de significado mediante o uso da linguagem. Dialogar significa agir em cooperação. Pode-se fazer coisas dialogando.

É importante entender que não é qualquer ato da fala que compõe um diálogo. A teoria dos atos da fala foi criada com um propósito específico: deixar claro que se pode fazer muito mais coisas com a linguagem do que simplesmente "fazer descrições". Estamos de acordo com essa interpretação, mas nossa meta aqui é reconhecer certo grupo de atos de comunicação, chamados *atos dialógicos*. Alguns atos podem demonstrar força, comando ou a superioridade de uma parte sobre outra de várias formas e, nesse caso, são atos de fala, mas não são atos dialógicos. O padre ao dizer "Eu te batizo, Maria" não realiza um ato dialógico, embora o nome Maria deva ter sido decidido por meio de um complicado diálogo de família. A declaração do juiz: "Eu o sentencio a uma pena de dois anos de prisão" serve como um excelente exemplo de ato de fala, mas que não pode ser questionado e, portanto, não é um ato dialógico. Na Educação Matemática, exercícios que são considerados prontos e acabados e que têm uma e somente uma resposta correta são atos de fala não dialógicos. No Capítulo I, apresentamos alguns exemplos para ilustrar o absolutismo de sala de aula, por exemplo: "Se eles [os autores do livro-texto] bolaram o exercício, são os mais indicados para dar a resposta certa, não?". Algumas questões são utilizadas como atos de fala de outra natureza, por exemplo, exame, correção ou controle. Portanto, *atos dialógicos são atos da fala com características especiais*.

Atos dialógicos envolvem, pelo menos, duas pessoas em uma relação de igualdade. É possível produzir algo em conjunto através do diálogo. Podemos ir direto ao ponto e apresentar nossa primeira caracterização do diálogo, resumindo o que discutimos a respeito das qualidades do diálogo na seção anterior. *Dialogar compreende realizar uma investigação, correr riscos e promover a igualdade*. Essas características do diálogo mostram algumas qualidades que foram identificadas idealmente.

Podemos, no entanto, aprofundar a noção de diálogo, especificando ainda mais a noção de atos dialógicos. O Modelo-CI é composto de certos elementos, e o final do Capítulo III contém uma apresentação madura desses elementos. Consideramos que os elementos do

Modelo-CI, todos eles, são exemplos de atos dialógicos. E, consequentemente, todos eles envolvem realizar uma investigação, correr riscos e promover a igualdade. Atos dialógicos são importantes na medida em que compõem o processo dialógico. Não queremos sugerir uma teoria reducionista do diálogo, declarando que um diálogo é constituído de elementos específicos, assim como os elementos do Modelo-CI. Um diálogo é um processo de "inter-ação" e vemos os atos dialógicos como eventos especiais nesse processo. Tais atos são representados pela linguagem (verbal e não verbal) empregada no diálogo, e esses atos ajudam também a controlar, a manter e a desenvolver o diálogo. Consideramos que atos dialógicos indicam "eventos" específicos em um processo dialógico. Estudamos oito eventos desse tipo. Não queremos dar a entender que esses sejam os únicos atos dialógicos possíveis. É possível incluir facilmente mais itens nessa lista de atos dessa natureza.

Dito isso, chegamos à segunda caracterização de *um diálogo, ou seja, como um processo envolvendo atos de estabelecer contato, perceber, reconhecer, posicionar-se, pensar alto, reformular, desafiar e avaliar.* Enquanto nossa primeira caracterização do diálogo referia-se a aspectos presentes na literatura, essa segunda caracterização pode ser vista como uma especificação posterior, relacionada principalmente com observações empíricas.

Quando o processo de aprendizagem é marcado pela presença de atos dialógicos, falamos em *um processo de aprendizagem dialógica* (como quando Alice e Débora, em cooperação com o professor, construíram a bandeira da Dinamarca, e quando Maria e André, em cooperação com o professor, montaram a planilha). Naturalmente, usaremos também a expressão *cooperação investigativa*, cujo sentido acaba de ser ampliado, na medida em que os elementos do Modelo-CI passaram a ser vistos como atos dialógicos. Em seu livro *Dialogic inquiry*,[65] Gordon Wells faz a seguinte afirmação:

> "Em poucas palavras, proponho que as salas de aula se transformem em comunidades de investigação, nas quais o currículo é montado através de muitos modos de conversação por meio dos quais professor e alunos dialogicamente conferem sentido a

---

[65] NT: Investigação dialógica.

assuntos de importância individual e social, através da ação, da construção do conhecimento e da reflexão" (Wells, 1999, p. 98).

Voltando para a Educação Matemática, essa afirmação está em perfeita sintonia com a ideia de abandonar o paradigma do exercício em favor dos cenários para investigação. Tais cenários recebem naturalmente "comunidades de investigação" nas quais o diálogo é um aspecto integrante do processo de aprendizagem.

Não se pode observar diretamente os processos de aprendizagem, mas, sim, a investigação tal qual se manifesta na fala dos aprendizes. As ações e as reflexões nos dão uma ideia desses processos: "É uma janela imperfeita, para falar a verdade, mas é a melhor que temos" (Lindfors, 1999, p. 16). Devemos estar cientes de que a situação de nossa primeira caracterização do diálogo (em termos de investigação, riscos e igualdade) é diferente da situação de nossa segunda caracterização (em termos dos elementos do Modelo-CI). O Modelo-CI é baseado na análise do processo de comunicação; ele representa a síntese de uma observação. Ao estudar o que acontece durante as aulas de Matemática, alguns episódios se destacaram. Isso direcionou nossa atenção para aquilo que acontecia durante esses episódios, e, dessa forma, os elementos do Modelo-CI foram identificados. De forma bem diferente, nossa primeira caracterização do diálogo se baseou em uma noção idealizada de diálogo. Ao relacionar essas idealizações com os episódios observados, o Modelo-CI torna-se um indicador empírico da aprendizagem dialógica.

O esclarecimento a respeito do aprendizado dialógico não está limitado ao contexto escolar. Ele pode acontecer em situações formais ou informais, em empresas e organizações. Além disso, esclarecimentos sobre a aprendizagem de Matemática podem ser úteis no estudo de muitas outras formas de aprendizagem. É preciso ser dito que nossos dados não foram higienizados.[66] Eles não vieram de uma coleta de dados realizada com critérios de pesquisa bem definidos. Isso quer dizer que pode haver muito "ruído" em nossos dados. Por outro lado, isso garante que aspectos mais gerais do Modelo-CI também sejam incluídos.

---

[66] Ver nota sobre dados higienizados na Introdução.

No Capítulo I, falamos sobre aprendizagem como ação e agora especificamos melhor essa relação como *aprendizagem como ação dialógica*. Naturalmente, há aprendizagens que são difíceis de ser caracterizadas como ações dialógicas (vistas da perspectiva do aluno), por exemplo, a aprendizagem que se dá no treinamento militar. Treinamento e prática podem redundar em aprendizagem, mas não é essa a aprendizagem que temos em mente. O que se torna interessante é a qualidade de aprendizagem que é enfatizada quando ela é realizada como uma ação dialógica. Tais qualidades merecem uma análise mais aprofundada.

Como atos dialógicos certamente envolvem o professor, faz sentido falar em *ensino dialógico* também. Nesse caso, os modos de comunicação do professor incluem elementos do Modelo-CI. As qualidades do diálogo tendem a diminuir o contraste entre os processos de ensino e aprendizagem. Contudo, antes de que possamos falar mais a respeito da importância do ensino e aprendizagem dialógicas, devemos tomar conhecimento de sua fragilidade.

## Ensino e aprendizagem dialógicos e sua fragilidade

Processos de aprendizagem dialógica acontecem quando conseguimos observar uma variedade de atos dialógicos. No entanto, atos dialógicos são frágeis. Podemos observar claramente que tais atos se transformam em outros padrões de comunicação que dificilmente poderíamos chamar de dialógicos. O padrão do jogo-de-perguntas é um exemplo. Como descrevemos nos capítulos II e III, esse padrão apareceu como um entreato no meio de uma sequência de atos dialógicos. É comum observar obstáculos que atrapalham os atos dialógicos e isso nos faz salientar que um diálogo raramente preenche uma conversação inteira, é muito mais momentos ou sequências de uma conversação. Às vezes, trechos dialógicos são tão breves que nem sequer constituem entreatos, mas constituem, sim, trechos que podem levar à aprendizagem dialógica.

Devemos estar cientes também que, em um contexto escolar, há muitas razões para o professor assim como os alunos desistirem do diálogo e não agirem dialogicamente. Um professor é responsável pela classe e surgem situações em que ele precisa tomar decisões prontamente. Além disso, o contexto escolar em geral não proporciona um pano de fundo conveniente para uma ação dialógica. Uma das razões para que nós propuséssemos os cenários para investigação foi apoiar diferentes maneiras de se fazer investigações. Cenários para investigação podem ajudar a minimizar certas rotinas escolares e favorecer processos de investigação e diálogo. Mesmo assim, nós não consideramos o diálogo como uma solução universal para todos os problemas educacionais. Pode ser difícil estabelecer um diálogo, por exemplo, se um participante não tem noção do assunto, ou se o propósito da conversação é testar ou avaliar algum entendimento específico sobre um problema. Em educação, podemos pensar em muitas situações como essas.

Jeppe Skott (2000) identificou o que ele chama de "incidentes críticos da prática",[67] em que circunstâncias particulares levam professores progressistas a agir de forma incompatível com seus ideais. Isso não quer dizer, no entanto, que seus atos não sejam adequados ante as circunstâncias; eles não são dialógicos. Quando a atividade do "Raquetes & Cia." terminou, e Maria e André pretendiam continuar mais um pouco, o professor disse: "Gostaria de agradecer a vocês pelo fantástico esforço que fizeram. Nos encontramos no ônibus daqui a 20 ou 25 minutos". O processo investigativo se encerrou. O diálogo, também. O professor passa a desempenhar papel bem diferente, o de um disciplinado gerente. Em cada prática de ensino, o professor muda de papel; ser um parceiro de investigação é apenas um deles. Dito isso, continuamos interessados na aprendizagem dialógica e, assim, buscamos entender como, no contexto escolar, atos dialógicos desfazem-se tão facilmente, dando lugar a outras formas de interação.

Se o diálogo está baseado no princípio da igualdade, como, então, alguém pode falar em diálogo quando há uma relação desigual como a de professor e aluno? O professor tem a responsabilidade pelo processo educativo, ele é quem vai ser cobrado por isso. Além do mais, espera-se dele que seja mais bem preparado e mais experiente na matéria trabalhada. Mas igualdade não se limita ao aspecto da

---

[67] NT: A expressão original em inglês é: *critical incidents of practice*.

competência profissional, ela precisa ser percebida como uma forma de trato respeitoso entre as pessoas que são parceiras de investigação. Como já foi dito, ser igualitário não significa negar a existência de diferenças. Contudo, na escola, a relação desigual entre professor e aluno (em termos de responsabilidade e conhecimento, por exemplo) costuma dificultar o tratamento igualitário.

É preciso distinguir, dentro de um processo de cooperação investigativa, o professor-como-questionador e o professor-como-investigador (LINDFORS, 1999, p.112). Uma postura investigativa costuma ser compreendida em função de uma atitude questionadora. Mas, como exposto por Lindfors (1999), investigativo e interrogador não são necessariamente a mesma coisa. Nem toda a questão é investigativa, e a investigação pode ser explicada de outras formas, como surpresa, por exemplo. Algumas perguntas como no jogo-de-perguntas muitas vezes suscitam respostas mecânicas e repetitivas que não necessariamente vieram de uma reflexão sobre o conteúdo da questão. Como já mostramos, é muito comum encontrar o professor-como-questionador no ensino tradicional, no qual se espera dos alunos que acompanhem a perspectiva do professor respondendo perguntas que ele faz tendo uma resposta pronta em mente. Em um diálogo, o professor investigativo demonstra uma atitude de curiosidade e maravilhamento diante de tudo que acontece em sala, e as perguntas que ele faz nem sempre têm resposta certa. Isso não quer dizer que ele não conheça algumas respostas muitas vezes. Dessa forma, o ensino e a aprendizagem dialógicos podem ser mantidos, embora seja, certamente, um processo frágil.

## Ensino e aprendizagem dialógicos e sua importância

Ensino e aprendizagem dialógicos são um processo frágil. Mas por que se preocupar com tal fragilidade? Porque há um potencial no ensino e na aprendizagem dialógicos. Na Introdução, mencionamos o trabalho de Freire. Ele considera que a aprendizagem baseada no diálogo tem certas qualidades, que analisa em termos políticos. Outros enfatizam mais os aspectos pessoais e de relacionamento. É o caso de Rogers, que preconiza que a "aprendizagem significativa" pode ser favorecida por "relações de apoio". Novamente, a ideia é que qualidades de comunicação influenciam qualidades de aprendizagem.[68]

Assim como Freire e Rogers, também consideramos que qualidades de comunicação influenciam as qualidades de aprendizagem. Queremos estudar, especificamente, em que sentido o diálogo favorece qualidades críticas de aprendizagem. Por um lado, aprender pode estar voltado para um propósito socioeconômico particular. O processo pode ter sido definido em função dos conteúdos e das competências exigidos pela sociedade "produtiva". Nessa linha, perspectivas econômicas ditam a maneira de avaliar o trabalho escolar. Por outro lado, aprender pode significar aprender para a cidadania; e cidadania exige competências que são importantes para uma pessoa participar da vida democrática e para desenvolver a cidadania crítica.[69] Em Skovsmose e Valero (2001), três possíveis associações entre educação matemática e democracia são apresentadas. Boa parte da literatura enfatiza que a Educação Matemática, graças à natureza peculiar da matemática, demonstra certa sintonia com os ideais democráticos.[70] A Matemática, em razão de sua estrutura lógica, foi construída com base em muita argumentação, sem nenhuma margem para dogmatismos. Matemática é uma área na qual somente argumentos convincentes conseguem sobreviver e, dessa forma, o pensamento matemático abre as portas para um tipo de raciocínio e de diálogo que caracteriza a democracia. A tese da harmonia entre pensamento científico e sociedade democrática foi defendida com empenho por Dewey e repetida por muitos outros.[71]

O que se tem percebido é que a Educação Matemática segue um caminho oposto, demonstrando características não democráticas

---

[68] Davis (1996) apresenta uma análise cuidadosa da importância do "escutar" e da "escuta hermenêutica" em particular, para criar uma alternativa promissora ao ensino tradicional e aos padrões de comunicação que o caracterizam. Embora Davis não empregue a noção de diálogo como um elemento central de seu arcabouço conceitual, entendemos que seu trabalho está em grande sintonia com a ideia de que qualidades de comunicação influenciam qualidades de aprendizagem.

[69] O conceito alemão de Mundigkeit tem sido empregado na discussão sobre Educação Matemática crítica (ver Skovsmose, 1994).

[70] Ver, por exemplo, Hannaford (1998).

[71] Ver a introdução de Archambault (ed.) (1964).

elementares, especialmente o ensino tradicional de matemática. Essa realidade da Educação Matemática entra em contradição com os ideais democráticos. Estatísticas fundamentam essa afirmação, mostrando como a Educação Matemática diferencia gênero, raça e condição social e como ela pode ser instrumento de segregação cultural.[72] Nossa interpretação acerca do absolutismo burocrático também sustenta essa tese. Em Borba e Skovsmose (1997), sugere-se que a ideologia da certeza se apoia no absolutismo burocrático. Essa ideologia consiste na convicção de que questões formuladas em termos matemáticos têm uma e somente uma solução e que é possível delinear essa solução através de um algoritmo apropriado. Essa ideologia se encaixa perfeitamente bem no paradigma do exercício presente no ensino tradicional. Ela se torna, porém, seriamente problemática quando removida desse contexto especial, quase patológico, e levada para a aplicação de problemas da vida real. A ideologia da certeza se transforma numa crença cega nas conclusões baseadas em números. "Acreditar nos números" torna-se uma ideologia e uma ameaça ao desenvolvimento da cidadania, em particular na era da informação.[73] Dessa forma, o quadro que se pode traçar da atuação da Educação Matemática é muito negativo.

Uma terceira possibilidade é entender que a relação entre Educação Matemática e democracia é crítica no sentido que ele pode se dar nas duas formas. É uma questão aberta determinar que tipos de interesse a Educação Matemática pode servir. Não há uma "essência" dessa educação que assegure de antemão que certos caminhos sejam trilhados. Também não há nada na Educação Matemática que faça dela um caso perdido. Permanece em aberto definir de que forma tal educação pode vir a apoiar processos democráticos e em qual medida. Discutir essa terceira possibilidade é papel da *Educação Matemática crítica.*

Neste estudo, estamos de acordo com a proposição de que a relação entre Educação Matemática e democracia é crítica. E se a Educação Matemática deve ser organizada para apoiar ideais democráticos,

---

[72] Ver, por exemplo, Boaler (1997); Frankenstein (1995); Volmink (1994) e Zevenbergen (2001).
[73] Ver Porter (1995).

então se torna essencial rever e refazer todos os aspectos da Educação Matemática. Especificamente, torna-se essencial estudar o que se passa em sala de aula, na medida em que a sala de aula representa uma microssociedade, e não podemos imaginar uma educação para a democracia sem que valores democráticos básicos sejam aplicados de verdade em sala de aula. Isso significa que devemos examinar as relações entre professor e alunos, bem como a natureza do processo investigativo que eles vivenciam.[74]

Consideramos que, se a aprendizagem deve apoiar o desenvolvimento da cidadania, então o diálogo deve ter um papel preponderante na sala de aula. Dessa forma, uma teoria crítica da aprendizagem incluiria o diálogo como um conceito básico. Consideramos que a importância do ensino e da aprendizagem de Matemática dialógicos está associada à relação crítica entre Educação Matemática e democracia. *Ensino e aprendizagem dialógicos são importantes para a prática de sala de aula que apoia uma Educação Matemática para a democracia.* Consideramos que as qualidades de comunicação, associadas ao diálogo, constituem uma fonte de aprendizagem com certas qualidades, a que nós nos referimos como aprendizagem crítica de Matemática.

Na introdução, apresentamos a *matemacia* como uma competência com um significado paralelo ao da "literacia" (na interpretação de Freire). Empregamos matemacia para designar uma competência ainda não muito bem especificada que inclui a "leitura crítica" do contexto sociopolítico. Como descrito em Skovsmose (1994), matemacia vem a ser mais que um entendimento de números e gráficos, é também uma habilidade para aplicar números e gráficos a uma série de situações. Ela inclui também a competência para refletir e reconsiderar sobre a confiabilidade das aplicações. Assim como Rogers e Freire concluíram que as aprendizagens significativa e política são favorecidas pelo diálogo, esperamos encontrar recursos para o desenvolvimento da matemacia no diálogo que acompanha a cooperação investigativa.

---

[74] Ver Skovsmose (1998c); Valero (1998a) e Vithal (1998b).

# Referências

ADLER, J. (2001a). *Teaching mathematics in multicultural classrooms.* Dordrecht, Boston, Londres: Kluwer Academic Publishers.

ADLER, J. (2001b). Resourcing practice and equity: A Dual Challenge for Mathematics Education. In: B. Atweh, H. Forgasz and B. Nebres (Eds.), *Sociocultural research on mathematics education* (185-200). Mahwah (Nova Jersey), Londres: Lawrence Erlbaum Associates.

ALRØ, H.; Kristiansen, M. (1998). *Supervision som dialogisk læreproces.* Aalborg: Aalborg Universitetsforlag.

ALRØ, H.; Skovsmose, O. (2002): *Dialogue and Learning in Mathematics Education: Intention, reflection, critique.* Dordrecht: Kluwer Academic Publishers.

ARCHAMBAULT, R. D. (Ed.) (1964). *John Dewey on education: selected writings.* Chicago, Londres: The University of Chicago Press.

ARGYRIS, C. (1988). Empowerment: the emperor's new clothes. *Harward Business Review* (Maio-Junho).

AUSTIN, J. L. (1962). *How to do things with words.* Oxford: Oxford University Press.

AUSTIN, J. L. (1970). Other Minds. In: Urmson, O; Warnock, G. J. (Eds.), *Philosophical papers* (2. ed.) (76-116). Oxford: Oxford University Press.

BAKHTIN, M. M. (1990). *The dialogic imagination: Four Essays.* Austin: Texas University Press.

BAKHTIN, M. M. (1995). *Art and answerability.* Austin: Texas University Press.

BATESON, G. (1972). *Steps to an ecology of mind.* Nova Iorque: Ballantine.

BAUERSFELD, H. (1988). Interaction, construction and knowledge: alternative perspectives for mathematics education. In: T. Cooney and D. Grouws (Eds.), *Effective Mathematics teaching (27-46).* Virginia: Reston.

BICUDO, M. A. V. *Fundamentos de orientação educacional*. São Paulo: Edições saraiva, 1978.

BOALER, J. (1997). *Experiencing school Mathematics*. Buckingham: Open University Press.

BOHM, D. (1996). *On dialogue*. Londres: Routledge.

BORBA, M.; PENTEADO, M. G. (2001). *Informática e Educação Matemática*. Belo Horizonte: Autêntica.

BORBA, M.; VILLARREAL, M. E. (2005). *Humans-with-media and the reorganization of mathematical thinking: information and communication technologies, modeling, experimentation and visualization*. Nova Iorque: Springer.

BORBA, M.; SKOVSMOSE, O. (1997). The ideology of certainty in Mathematics Education. *For the Learning of Mathematics, 17(3)*, 17-23.

BROUSSEAU, G. (1997). *Theory of didactical situations in Mathematics: didactique des Mathematiques, 1970-1990* (In: BALACHEFF, M; COOPER, R. SUTHERLAND, V. WARFIELD, T.). Dordrecht, Boston, Londres: Kluwer Academic Publishers.

BUBER, M. (1957). Elements of the interhuman. In: M. BUBER (Ed.), *The Knowledge of man: selected essays* (62-78). Nova Iorque: Harper and Row Publishers.

CHRISTIANSEN, I. M. (1994). *Classroom interactions in applied Mathematics courses I-I*. Tese de Doutorado. Aalborg: Aalborg University.

CHRISTIANSEN, I. M. (1995). 'Informal activity' in Mathematics instruction. *Nordic Studies in Mathematics Education, 2(3/4)*, 7-30.

CHRISTIANSEN, I. M. (1997). When negotiation of Meaning is also negotiation of task. *Educational Studies in Mathematics, 34(1)*, 1-25.

CISSNA, K. N.; ANDERSON, R. (1994). Communication and the ground of dialogue. In: R. Anderson, K. N. Cissna e R. C. Arnett (Eds.), *The Reach of Dialogue: Confirmation, Voice and Community (9-33)*. Cresskill: Hampton Press.

COBB, P.; BAUERSFELD, H. (Eds.) (1995). *The emergence of mathematical meaning: interaction in classroom cultures*. Hillsdale (Nova Jersey), Hove (RU): Lawrence Erlbaum Associates.

DAVIS, B. (1996). *Teaching Mathematics: toward a sound alternative*. Nova Iorque, Londres: Garland Publishing.

DOWLING, P. (1998). *The sociology of Mathematics Education: Mathematical myths/ pedagogic texts*. Londres: Falmer Press.

DYSTHE, O. (1997). *Det flerstemmige klasserum*. Arhus: Forlaget Klim.

FEYERABEND, P. (1975). *Against method*. Londres: Verso.

FREIRE, P. (1972). *Pedagogy of the oppressed*. Nova Iorque: Herder and Herder.

GADAMER, H. G. (1989). *Truth and method* (2. ed. revisada). Londres: Sheed and Ward.

GADOTTI, M. (Ed.) (1996). *Paulo Freire: uma biobibliografia.* São Paulo: Cortez Editora.

GERGEN, K. J. (1973). Social psychology as history. *Journal of Personality and Social Psychology, 26,* 309-320.

GERGEN, K. J. (1997). *Virkelighed og relationer.* Copenhagen: Dansk psykologisk Forlag.

GLASERSFELD, E. v. (Ed.). *Radical construtivism in mathematics education.* Dordecht: Kluwer Academic Publishers, 1991.

HABERMAS, J. (1984, 1987). *The Theory of Communicative Action I-I.* Londres, Cambridge: Heinemann, Polity Press.

HANNAFORD, C. (1998). Mathematics teaching is democratic education. *Zentralblatt für Didaktik der Mathematik, 1998(6),* 181-187.

ISAACS, W. (1994). Dialogue and skillful discussion. In: P. Senge, C. Roberts, R. B. Ross, B. J. Smith e A. Kleiner (Eds.), *The fifth discipline fieldbook* (357-380). Londres: Nicholas Brealey.

ISAACS, W. (1999a). *Dialogue and the art of thinking together.* Nova Iorque: Doubleday.

ISAACS, W. (1999b). Dialogue. In: J. Stewart (Ed.), *Bridges not walls. A book about interpersonal communication* (7. ed.) (p. 58-65). Boston: McGraw-Hill College.

KRISTIANSEN, M.; BLOCH-POULSEN, J. (2000). Kærlig rummelighed i dialoger: Ominterpersonel organisationskommunikation. Aalborg: Aalborg Universitetsforlag.

LAKATOS, I. (1976). *Proofs and refutations: the logic of mathematical discovery.* Cambridge: Cambridge University Press.

LEMKE, J. L. (1990). *Talking science: language, learning and values.* Nova Jersey: Ablex Publishing Corporation.

LINDFORS, J. W. (1999). *Children's inquiry. Using language to make sense of the world.* Nova Iorque: Teachers College, Columbia University.

LINS, R. (2001). The production of meaning for Algebra: a perspective based on a theoretical model of semantic fields. In: R. Sutherland, T. Rojano, A. Bell e R. Lins (Eds.), *Perspectives on school Algebra* (p. 37-60). Dordrecht, Boston, Londres: Kluwer Academic Publishers.

MARKOVA, I.; Foppa, K. (Eds.) (1990). *The dynamics of dialogue.* Nova Iorque: Harvester Wheatsheaf. Barnes & Noble Books.

MARKOVA, I.; FOPPA, K. (Eds.) (1991). *Assymetries in dialogue.* Nova Iorque: Harvester Wheatsheaf. Barnes & Noble Books.

MELLIN-OLSEN, S. (1977). *Indlæring som social proces.* Copenhagen: Rhodos.

MELLIN-OLSEN, S. (1981). Instrumentalism as an educational Concept. *Educational Studies in Mathematics, 12,* 351-367.

MELLIN-OLSEN, S. (1987). *The politics of Mathematics Education*. Dordrecht: Reidel Publishing Company.

MELLIN-OLSEN, S. (1989). *Kunnskapsformidling*. Bergen: Caspar Forlag.

MELLIN-OLSEN, S. (1991). *Hvordan tænker lærere om matematik*. Bergen: Høgskolen i Bergen.

MELLIN-OLSEN, S. (1993). Dialogue as a tool to handle various forms of knowledge. In: C. Julie, D. Angelis e Z. Davis (Eds.), *PDME I Report, p.* 243-252. Cidade do Cabo: Maskew Miller Longman.

NIELSEN, L., PATRONIS, T.; SKOVSMOSE, O. (1999). *Connecting corners: A greek-danish project in Mathematics Education*. Arhus: Systime.

PENTEADO, M. G. (2001). Computer-based learning environments: Risks and uncertainties for teachers. *Ways of Knowing, 1(2),* 23-35.

PIMM, D. (1987). *Speaking mathematically: communication in Mathematics classrooms*. Londres: Routledge.

POLANYI, M. (1966). *The tacit dimension*. Nova Iorque: Doubleday.

PORTER, T. M. (1995). *Trust in numbers: the pursuit of objectivity in science and public life*. Princeton, Nova Jersey: Princeton University Press.

RAWL, J. (1971). *A theory of justice*. Nova Iorque: Oxford University Press.

ROGERS, C. R. (1958). The characteristics of a helping relationship. *Personnel and Guidance Journal 37,* 6-16.

ROGERS, C. R. (1961). *On becoming a person: A therapist's view of psychotherapy*. Londres: Constable.

ROGERS, C. R. (1962). The interpersonal relationship: the core of guidance. *Harward Educational Review, 32(4).*

ROGERS, C. R. (1994). *Freedom to learn* (3rd ed.). Nova Iorque: Macmillan College Publishing Company.

ROGERS, C. R.; FARSON, R. E. (1969). Active listening. In: R. C. Huseman, C. M. Logue e D. L. Freshley (Eds.), *Readings in interpersonal and organizational communication* (480-496). Boston: Holbrook.

SEARLE, J. (1983). *Intentionality: an essay in the philosophy of mind*. Cambridge: Cambridge University Press.

SINCLAIR, J. M.; COULTHARD, M. (1975). *Towards an analysis of discourse*. Londres: Oxford University Press.

SKOTT, J. (2000). *The images and practice of Mathematics teachers*. Tese de Doutorado. Copenhagen: Royal Danish School of Educational Studies.

SKOVSMOSE, O. (1994). Towards a philosophy of critical Mathematical Education. Dordrecht, Boston, Londres: Kluwer Academic Publishers. (Traduzido paro o espanho por Paola Valero como *Hacia una Filosofía de la Educación Matemática Crítica,*

Una Empresa Docente, Universidad de los Andes, Bogotá.)

SKOVSMOSE, O. (1998c). Linking Mathematics Education and democracy: citizenship, mathematics archaeology, mathemacy and deliberative interaction. *Zentralblatt für Didaktik der Mathematik, 1998(6)*, 195-203.

SKOVSMOSE, O. (2000b). Cenários para investigação. *Bolema (14)*, Universidade Estadual Paulista 'Júlio de Mesquita Filho' (UNESP), 66-91.

SKOVSMOSE, O. (2000c). Escenarios de investigación. *Revista EMA, 6(1)*, 1-25.

SKOVSMOSE, O. (2001a). Landscapes of investigation. *Zentralblatt für Didaktik der Mathematik, 2001(4)*, 123-132.

SKOVSMOSE, O. (2001b): *Educação Matemática crítica: a questão da democracia.* Campinas: Papirus, Campinas.

SKOVSMOSE, O. (2005). *Travelling through education: uncertainty, mathematics, responsibility.* Rotterdam: Sense Publishers.

SKOVSMOSE, O.; BORBA, M. (2004). Research methodology and critical mathematics education. In: R. Zevenbergen e P. Valero (Eds.), *Researching the socio-political dimensions of Mathematics Education: issues of power in theory and methodology,* Dordrecht, Boston, Londres: Kluwer Academic Publishers.

SKOVSMOSE, O.; VALERO, P. (2001). Breaking political neutrality: the critical engagement of Mathematics Education with democracy. In: B. Atweh, H. Forgasz e B. Nebres (Eds.), *Sociocultural research on Mathematics Education,* (p. 37-55). Mahwah (Nova Jersey), Londres: Lawrence Erlbaum Associates.

STEWART, J. (Ed.) (1999). *Bridges not walls. A book about interpersonal communication* (7th ed.). Boston: McGraw-Hill College.

STUBBS, M. (1976). *Language, schools and classrooms.* Londres: Methuen.

VALERO, P. (1998). Deliberative Mathematics Education for social democratization in Latin America. *Zentralblatt ffur Didaktik der Mathematik, 1998(6).*

VALERO, P.; Vithal, R. (1999). Research methods of the "North" revisited from the "South". *Perspectives in Education,* 18(2), 5-12.

VITHAL, R. (1998a). Data and disruptions: the politics of doing Mathematics Education research in South Africa. In: N. A. Ogude e C. Bohlmann (Eds.), *Proceedings of the sixth annual meeting of the South African Association for Research in Mathematics and Science Education* (p. 475-481). UNISA.

VITHAL, R. (1998b). Democracy and authority: a complementarity in Mathematics Education? *Zentralblatt ffair Didaktik der Mathematik, 1998(6),* 27-36.

VITHAL, R. (2003). *In search of a pedagogy of conflict and dialogue for Mathematics Education.* Dordrecht: Kluwer Academic Publishers.

VITHAL, R., CHRISTIANSEN, I. M.; SKOVSMOSE, O. (1995). Project work in University Mathematics Education: a danish experience: Aalborg University. *Educational Studies in Mathematics,* 29(2), p. 199-223.

VOIGT, J. (1984). *Interaktionsmuster und routinen im mathematikunterricht.* Beltz: Weinheim.

VOIGT, J. (1989). The social constitution of the Mathematics Province: a microethnografical study in classroom interaction. *The Quarterly Newsletter of Laboratory of Comparative Human Cognition, 11(2),* p. 27-35.

VOLMINK, J. (1994). Mathematics by all. In: S. Lerman (Ed.), *Cultural perspectives on the Mathematics classroom* (51-68). Dordrecht, Boston, Londres: Kluwer Academic Publishers.

VYGOTSKY, L. (1978). *Mind in society.* Cambridge, Massachusetts: Harvard University Press.

WELLS, G. (1999). *Dialogic inquiry. Towards a sociocultural practice and theory of education.* Cambridge: Cambridge University Press.

ZEVENBERGEN, R. (2001). Mathematics, social class, and linguistic capital: an analysis of Mathematics classroom interaction. In: B. Atweh, H. Forgasz e B. Nebres (Eds.), *Sociocultural research on Mathematics Education* (p. 201-215). Mahwah (Nova Jersey), Londres: Lawrence Erlbaum Associates.

# Outros títulos da coleção
Tendências em Educação Matemática

**A matemática nos anos iniciais do ensino fundamental – Tecendo fios do ensinar e do aprender**
**Autoras:** *Adair Mendes Nacarato, Brenda Leme da Silva Mengali, Cármen Lúcia Brancaglion Passos*

Neste livro, as autoras discutem o ensino de Matemática nas séries iniciais do ensino fundamental num movimento entre o aprender e o ensinar. Consideram que essa discussão não pode ser dissociada de uma mais ampla, que diz respeito à formação das professoras polivalentes – aquelas que têm uma formação mais generalista em cursos de nível médio (Habilitação ao Magistério) ou em cursos superiores (Normal Superior e Pedagogia). Nesse sentido, elas analisam como têm sido as reformas curriculares desses cursos e apresentam perspectivas para formadores e pesquisadores no campo da formação docente. O foco central da obra está nas situações matemáticas desenvolvidas em salas de aula dos anos iniciais. A partir dessas situações, as autoras discutem suas concepções sobre o ensino de Matemática a alunos dessa escolaridade, o ambiente de aprendizagem a ser criado em sala de aula, as interações que ocorrem nesse ambiente e a relação dialógica entre alunos-alunos e professora-alunos que possibilita a produção e a negociação de significado.

**Afeto em competições matemáticas inclusivas – A relação dos jovens e suas famílias com a resolução de problemas**
**Autoras:** *Nélia Amado, Susana Carreira, Rosa Tomás Ferreira*

As dimensões afetivas constituem variáveis cada vez mais decisivas para alterar e tentar abolir a imagem fria, pouco entusiasmante e mesmo intimidante da Matemática aos olhos de muitos jovens e adultos. Sabe-se atualmente, de forma cabal, que os afetos (emoções, sentimentos, atitudes, percepções...) desempenham um papel central na aprendizagem da Matemática, designadamente na atividade de resolução de problemas. Na sequência do seu envolvimento em competições matemáticas inclusivas baseadas na internet, Nélia Amado, Susana Carreira e Rosa Tomás Ferreira debruçam-se sobre inúmeros dados e testemunhos que foram reunindo, através de questionários, entrevistas e conversas informais com alunos e pais, para caracterizar as dimensões afetivas presentes na participação de jovens alunos (dos 10 aos 14 anos) nos campeonatos de resolução de problemas SUB12 e SUB14. Neste livro, o leitor é convidado a percorrer várias das dimensões afetivas envolvidas na resolução de problemas desafiantes. A compreensão dessas dimensões ajudará a melhorar a relação das crianças e dos adultos com a Matemática e a formular uma imagem da Matemática mais humanizada, desafiante e emotiva.

### Álgebra para a formação do professor – Explorando os conceitos de equação e de função
**Autores:** *Alessandro Jacques Ribeiro, Helena Noronha Cury*

Neste livro, Alessandro Jacques Ribeiro e Helena Noronha Cury apresentam uma visão geral sobre os conceitos de equação e de função, explorando o tópico com vistas à formação do professor de Matemática. Os autores trazem aspectos históricos da constituição desses conceitos ao longo da História da Matemática e discutem os diferentes significados que até hoje perpassam as produções sobre esses tópicos. Com vistas à formação inicial ou continuada de professores de Matemática, Alessandro e Helena enfocam, ainda, alguns documentos oficiais que abordam o ensino de equações e de funções, bem como exemplos de problemas encontrados em livros didáticos. Também apresentam sugestões de atividades para a sala de aula de Matemática, abordando os conceitos de equação e de função, com o propósito de oferecer aos colegas, professores de Matemática de qualquer nível de ensino, possibilidades de refletir sobre os pressupostos teóricos que embasam o texto e produzir novas ações que contribuam para uma melhor compreensão desses conceitos, fundamentais para toda a aprendizagem matemática.

### Análise de erros – O que podemos aprender com as respostas dos alunos
**Autora:** *Helena Noronha Cury*

Neste livro, Helena Noronha Cury apresenta uma visão geral sobre a análise de erros, fazendo um retrospecto das primeiras pesquisas na área e indicando teóricos que subsidiam investigações sobre erros. A autora defende a ideia de que a análise de erros é uma abordagem de pesquisa e também uma metodologia de ensino, se for empregada em sala de aula com o objetivo de levar os alunos a questionarem suas próprias soluções. O levantamento de trabalhos sobre erros desenvolvidos no país e no exterior, apresentado na obra, poderá ser usado pelos leitores segundo seus interesses de pesquisa ou ensino. A autora apresenta sugestões de uso dos erros em sala de aula, discutindo exemplos já trabalhados por outros investigadores. Nas conclusões, a pesquisadora sugere que discussões sobre os erros dos alunos venham a ser contempladas em disciplinas de cursos de formação de professores, já que podem gerar reflexões sobre o próprio processo de aprendizagem.

**Aprendizagem em Geometria na educação básica – A fotografia e a escrita na sala de aula**
**Autores:** *Cleane Aparecida dos Santos, Adair Mendes Nacarato*
Muitas pesquisas têm sido produzidas no campo da Educação Matemática sobre o ensino de Geometria. No entanto, o professor, quando deseja implementar atividades diferenciadas com seus alunos, depara-se com a escassez de materiais publicados. As autoras, diante dessa constatação, constroem, desenvolvem e analisam uma proposta alternativa para explorar os conceitos geométricos, aliando o uso de imagens fotográficas às produções escritas dos alunos. As autoras almejam que o compartilhamento da experiência vivida possa contribuir tanto para o campo da pesquisa quanto para as práticas pedagógicas dos professores que ensinam Matemática nos anos iniciais do ensino fundamental.

**Brincar e jogar – enlaces teóricos e metodológicos no campo da Educação Matemática**
**Autor:** *Cristiano Alberto Muniz*
Neste livro, o autor apresenta a complexa relação jogo/ brincadeira e a aprendizagem matemática. Além de discutir as diferentes perspectivas da relação jogo e Educação Matemática, ele favorece uma reflexão do quanto o conceito de Matemática implica a produção da concepção de jogos para a aprendizagem, assim como o delineamento conceitual do jogo nos propicia visualizar novas possibilidades de utilização dos jogos na Educação Matemática. Entrelaçando diferentes perspectivas teóricas e metodológicas sobre o jogo, ele apresenta análises sobre produções matemáticas realizadas por crianças em processo de escolarização em jogos ditos espontâneos, fazendo um contraponto às expectativas do educador em relação às suas potencialidades para a aprendizagem matemática. Ao trazer reflexões teóricas sobre o jogo na Educação Matemática e revelar o jogo efetivo das crianças em

processo de produção matemática, a obra tanto apresenta subsídios para o desenvolvimento da investigação científica quanto para a práxis pedagógica por meio do jogo na sala de aula de Matemática.

## Da etnomatemática a arte-design e matrizes cíclicas
**Autor:** *Paulus Gerdes*

Neste livro, o leitor encontra uma cuidadosa discussão e diversos exemplos de como a Matemática se relaciona com outras atividades humanas. Para o leitor que ainda não conhece o trabalho de Paulus Gerdes, esta publicação sintetiza uma parte considerável da obra desenvolvida pelo autor ao longo dos últimos 30 anos. E para quem já conhece as pesquisas de Paulus, aqui são abordados novos tópicos, em especial as matrizes cíclicas, ideia que supera não só a noção de que a Matemática é independente de contexto e deve ser pensada como o símbolo da pureza, mas também quebra, dentro da própria Matemática, barreiras entre áreas que muitas vezes são vistas de modo estanque em disciplinas da graduação em Matemática ou do ensino médio.

## Descobrindo a Geometria Fractal – Para a sala de aula
**Autor:** *Ruy Madsen Barbosa*

Neste livro, Ruy Madsen Barbosa apresenta um estudo dos belos fractais voltado para seu uso em sala de aula, buscando a sua introdução na Educação Matemática brasileira, fazendo bastante apelo ao visual artístico, sem prejuízo da precisão e rigor matemático. Para alcançar esse objetivo, o autor incluiu capítulos específicos, como os de criação e de exploração de fractais, de manipulação de material concreto, de relacionamento com o triângulo de Pascal, e particularmente um com recursos computacionais com *softwares* educacionais em uso no Brasil. A inserção de dados e comentários históricos tornam o texto de interessante leitura. Anexo ao livro é fornecido o CD-Nfract, de Francesco Artur Perrotti, para construção dos lindos fractais de Mandelbrot e Julia.

## Didática da Matemática – Uma análise da influência francesa
**Autor:** *Luiz Carlos Pais*

Neste livro, Luiz Carlos Pais apresenta aos leitores conceitos fundamentais de uma tendência que ficou conhecida como "Didática Francesa". Educadores matemáticos franceses, na sua maioria, desenvolveram um modo próprio de ver a educação centrada na questão do ensino da Matemática. Vários educadores matemáticos do Brasil adotaram alguma versão dessa tendência ao trabalharem com concepções dos alunos, com formação de professores, entre outros temas. O autor é um dos maiores especialistas no país nessa tendência, e o leitor verá isso ao se familiarizar com conceitos

Outros títulos da coleção

como transposição didática, contrato didático, obstáculos epistemológicos e engenharia didática, dentre outros.

**Educação a Distância** *online*
**Autores:** *Marcelo de Carvalho Borba, Ana Paula dos Santos Malheiros, Rúbia Barcelos Amaral*

Neste livro, os autores apresentam resultados de mais de oito anos de experiência e pesquisas em Educação a Distância *online* (EaDonline), com exemplos de cursos ministrados para professores de Matemática. Além de cursos, outras práticas pedagógicas, como comunidades virtuais de aprendizagem e o desenvolvimento de projetos de modelagem realizados a distância, são descritas. Ainda que os três autores deste livro sejam da área de Educação Matemática, algumas das discussões nele apresentadas, como formação de professores, o papel docente em EaDonline, além de questões de metodologia de pesquisa qualitativa, podem ser adaptadas a outras áreas do conhecimento. Neste sentido, esta obra se dirige àquele que ainda não está familiarizado com a EaDonline e também àquele que busca refletir de forma mais intensa sobre sua prática nesta modalidade educacional. Cabe destacar que os três autores têm ministrado aulas em ambientes virtuais de aprendizagem.

**Educação Estatística - Teoria e prática em ambientes de modelagem matemática**
**Autores:** *Celso Ribeiro Campos, Maria Lúcia Lorenzetti Wodewotzki, Otávio Roberto Jacobini*

Este livro traz ao leitor um estudo minucioso sobre a Educação Estatística e oferece elementos fundamentais para o ensino e a aprendizagem em sala de aula dessa disciplina, que vem se difundindo e já integra a grade curricular dos ensinos fundamental e médio. Os autores apresentam aqui o que apontam as pesquisas desse campo, além de fomentarem discussões acerca das teorias e práticas em interface com a modelagem matemática e a educação crítica.

**Educação Matemática de Jovens e Adultos – Especificidades, desafios e contribuições**
**Autora:** *Maria da Conceição F. R. Fonseca*

Neste livro, Maria da Conceição F. R. Fonseca apresenta ao leitor uma visão do que é a Educação de Adultos e de que forma essa se entrelaça com a Educação Matemática. A autora traz para o leitor reflexões atuais feitas por ela e por outros educadores que são referência na área de Educação de Jovens e Adultos no país. Este quinto volume da coleção "Tendências em Educação Matemática" certamente irá impulsionar a pesquisa e a reflexão sobre o tema, fundamental para a compreensão da questão do ponto de vista social e político.

## Etnomatemática – Elo entre as tradições e a modernidade
**Autor:** *Ubiratan D'Ambrosio*

Neste livro, Ubiratan D'Ambrosio apresenta seus mais recentes pensamentos sobre Etnomatemática, uma tendência da qual é um dos fundadores. Ele propicia ao leitor uma análise do papel da Matemática na cultura ocidental e da noção de que Matemática é apenas uma forma de Etnomatemática. O autor discute como a análise desenvolvida é relevante para a sala de aula. Faz ainda um arrazoado de diversos trabalhos na área já desenvolvidos no país e no exterior.

## Etnomatemática em movimento
**Autoras:** *Gelsa Knijnik, Fernanda Wanderer, Ieda Maria Giongo, Claudia Glavam Duarte*

Integrante da coleção "Tendências em Educação Matemática", este livro traz ao público um minucioso estudo sobre os rumos da Etnomatemática, cuja referência principal é o brasileiro Ubiratan D'Ambrosio. As ideias aqui discutidas tomam como base o desenvolvimento dos estudos etnomatemáticos e a forma como o movimento de continuidades e deslocamentos tem marcado esses trabalhos, centralmente ocupados em questionar a política do conhecimento dominante. As autoras refletem aqui sobre as discussões atuais em torno das pesquisas etnomatemáticas e o percurso tomado sobre essa vertente da Educação Matemática, desde seu surgimento, nos anos 1970, até os dias atuais.

## Fases das tecnologias digitais em Educação Matemática – Sala de aula e internet em movimento
**Autores:** *Marcelo de Carvalho Borba, Ricardo Scucuglia Rodrigues da Silva, George Gadanidis*

Com base em suas experiências enquanto docentes e pesquisadores, associadas a uma análise acerca das principais pesquisas desenvolvidas no Brasil sobre o uso de tecnologias digitais no ensino e aprendizagem de Matemática, os autores apresentam uma perspectiva fundamentada em quatro fases. Inicialmente, os leitores encontram uma descrição sobre cada uma dessas fases, o que inclui a apresentação de visões teóricas e exemplos de atividades matemáticas características em cada momento. Baseados na "perspectiva das quatro fases", os autores discutem questões sobre o atual momento (quarta fase). Especificamente, eles exploram o uso do *software* GeoGebra no estudo do conceito de derivada, a utilização da internet em sala de aula e a noção denominada performance matemática digital, que envolve as artes.

Este livro, além de sintetizar de forma retrospectiva e original uma visão sobre o uso de tecnologias em Educação Matemática, resgata e compila de maneira exemplificada questões teóricas e propostas de atividades, apontando assim inquietações importantes sobre o presente e o futuro da sala de aula de Matemática. Portanto, esta obra traz assuntos potencialmente interessantes para professores e pesquisadores que atuam na Educação Matemática.

**Filosofia da Educação Matemática**
**Autores:** *Maria Aparecida Viggiani Bicudo, Antonio Vicente Marafioti Garnica*
Neste livro, Maria Bicudo e Antonio Vicente Garnica apresentam ao leitor suas ideias sobre Filosofia da Educação Matemática. Eles propiciam ao leitor a oportunidade de refletir sobre questões relativas à Filosofia da Matemática, à Filosofia da Educação e mostram as novas perguntas que definem essa tendência em Educação Matemática. Neste livro, em vez de ver a Educação Matemática sob a ótica da Psicologia ou da própria Matemática, os autores a veem sob a ótica da Filosofia da Educação Matemática.

**Formação matemática do professor – Licenciatura e prática docente escolar**
**Autores:** *Plinio Cavalcante Moreira e Maria Manuela M. S. David*
Neste livro, os autores levantam questões fundamentais para a formação do professor de Matemática. Que Matemática deve o professor de Matemática estudar? A acadêmica ou aquela que é ensinada na escola? A partir de perguntas como essas, os autores questionam essas opções dicotômicas e apontam um terceiro caminho a ser seguido. O livro apresenta diversos exemplos do modo como os conjuntos numéricos são trabalhados na escola e na academia. Finalmente, cabe lembrar que esta publicação inova ao integrar o livro com a internet. No site da editora www.autenticaeditora.com.br, procure por Educação Matemática e pelo título "A formação matemática do professor: licenciatura e prática docente escolar", onde o leitor pode encontrar alguns textos complementares ao livro e apresentar seus comentários, críticas e sugestões, estabelecendo, assim, um diálogo online com os autores.

**História na Educação Matemática – Propostas e desafios**
**Autores:** *Antonio Miguel e Maria Ângela Miorim*
Neste livro, os autores discutem diversos temas que interessam ao educador matemático. Eles abordam História da Matemática, História da Educação Matemática e como essas duas regiões de inquérito podem se relacionar com a Educação Matemática. O leitor irá notar que eles também apresentam uma visão sobre o que é História e abordam esse

difícil tema de uma forma acessível ao leitor interessado no assunto. Este décimo volume da coleção certamente transformará a visão do leitor sobre o uso de História na Educação Matemática.

**Informática e Educação Matemática**
**Autores:** *Marcelo de Carvalho Borba, Miriam Godoy Penteado*
Os autores tratam de maneira inovadora e consciente da presença da informática na sala de aula quando do ensino de Matemática. Sem prender-se a clichês que entusiasmadamente apoiam o uso de computadores para o ensino de Matemática ou criticamente negam qualquer uso desse tipo, os autores citam exemplos práticos, fundamentados em explicações teóricas objetivas, de como se pode relacionar Matemática e informática em sala de aula. Tratam também de questões políticas relacionadas à adoção de computadores e calculadoras gráficas para o ensino de Matemática.

**Interdisciplinaridade e aprendizagem da Matemática em sala de aula**
**Autores:** *Vanessa Sena Tomaz e Maria Manuela M. S. David*
Como lidar com a interdisciplinaridade no ensino da Matemática? De que forma o professor pode criar um ambiente favorável que o ajude a perceber o que e como seus alunos aprendem? Essas são algumas das questões elucidadas pelas autoras neste livro, voltado não só para os envolvidos com Educação Matemática como também para os que se interessam por educação em geral. Isso porque um dos benefícios deste trabalho é a compreensão de que a Matemática está sendo chamada a engajar-se na crescente preocupação com a formação integral do aluno como cidadão, o que chama a atenção para a necessidade de tratar o ensino da disciplina levando-se em conta a complexidade do contexto social e a riqueza da visão interdisciplinar na relação entre ensino e aprendizagem, sem deixar de lado os desafios e as dificuldades dessa prática.
Para enriquecer a leitura, as autoras apresentam algumas situações ocorridas em sala de aula que mostram diferentes abordagens interdisciplinares dos conteúdos escolares e oferecem elementos para que os professores e os formadores de professores criem formas cada vez mais produtivas de se ensinar e inserir a compreensão matemática na vida do aluno.

**Investigações matemáticas na sala de aula**
**Autores:** *João Pedro da Ponte, Joana Brocardo, Hélia Oliveira*
Neste livro, os autores – todos portugueses – analisam como práticas de investigação desenvolvidas por matemáticos podem ser trazidas para a sala de aula. Eles mostram resultados de pesquisas ilustrando as vantagens e dificuldades de se trabalhar com tal perspectiva em Educação Matemática. Geração de conjecturas, reflexão e formalização

do conhecimento são aspectos discutidos pelos autores ao analisarem os papéis de alunos e professores em sala de aula quando lidam com problemas em áreas como geometria, estatística e aritmética.

**Lógica e linguagem cotidiana – Verdade, coerência, comunicação, argumentação**
**Autores:** *Nílson José Machado e Marisa Ortegoza da Cunha*
Neste livro, os autores buscam ligar as experiências vividas em nosso cotidiano a noções fundamentais tanto para a Lógica como para a Matemática. Através de uma linguagem acessível, o livro possui uma forte base filosófica que sustenta a apresentação sobre Lógica e certamente ajudará a coleção a ir além dos muros do que hoje é denominado Educação Matemática. A bibliografia comentada permitirá que o leitor procure outras obras para aprofundar os temas de seu interesse, e um índice remissivo, no final do livro, permitirá que o leitor ache facilmente explicações sobre vocábulos como contradição, dilema, falácia, proposição e sofisma. Embora este livro seja recomendado a estudantes de cursos de graduação e de especialização, em todas as áreas, ele também se destina a um público mais amplo. Visite também o site *www.rc.unesp.br/igce/pgem/gpimem.html*.

**Matemática e arte**
**Autor:** *Dirceu Zaleski Filho*
Neste livro, Dirceu Zaleski Filho propõe reaproximar a Matemática e a arte no ensino. A partir de um estudo sobre a importância da relação entre essas áreas, o autor elabora aqui uma análise da contemporaneidade e oferece ao leitor uma revisão integrada da História da Matemática e da História da Arte, revelando o quão benéfica sua conciliação pode ser para o ensino. O autor sugere aqui novos caminhos para a Educação Matemática, mostrando como a Segunda Revolução Industrial – a eletroeletrônica, no século XXI – e a arte de Paul Cézanne, Pablo Picasso e, em especial, Piet Mondrian contribuíram para essa reaproximação, e como elas podem ser importantes para o ensino de Matemática em sala de aula.
*Matemática e Arte* é um livro imprescindível a todos os professores, alunos de graduação e de pós-graduação e, fundamentalmente, para professores da Educação Matemática.

**Modelagem em Educação Matemática**
**Autores:** *João Frederico da Costa de Azevedo Meyer, Ademir Donizeti Caldeira, Ana Paula dos Santos Malheiros*
A partir de pesquisas e da experiência adquirida em sala de aula, os autores deste livro oferecem aos leitores reflexões sobre aspectos da

Modelagem e suas relações com a Educação Matemática. Esta obra mostra como essa disciplina pode funcionar como uma estratégia na qual o aluno ocupa lugar central na escolha de seu currículo.

Os autores também apresentam aqui a trajetória histórica da Modelagem e provocam discussões sobre suas relações, possibilidades e perspectivas em sala de aula, sobre diversos paradigmas educacionais e sobre a formação de professores. Para eles, a Modelagem deve ser datada, dinâmica, dialógica e diversa. A presente obra oferece um minucioso estudo sobre as bases teóricas e práticas da Modelagem e, sobretudo, a aproxima dos professores e alunos de Matemática.

## O uso da calculadora nos anos iniciais do ensino fundamental
**Autoras:** *Ana Coelho Vieira Selva e Rute Elizabete de Souza Borba*

Neste livro, Ana Selva e Rute Borba abordam o uso da calculadora em sala de aula, desmistificando preconceitos e demonstrando a grande contribuição dessa ferramenta para o processo de aprendizagem da Matemática. As autoras apresentam pesquisas, analisam propostas de uso da calculadora em livros didáticos e descrevem experiências inovadoras em sala de aula em que a calculadora possibilitou avanços nos conhecimentos matemáticos dos estudantes dos anos iniciais do ensino fundamental. Trazem também diversas sugestões de uso da calculadora na sala de aula que podem contribuir para um novo olhar, por parte dos professores, para o uso dessa ferramenta no cotidiano da escola.

## Pesquisa em ensino e sala de aula – Diferentes vozes em uma investigação
**Autores:** *Marcelo de Carvalho Borba, Helber Rangel Formiga Leite de Almeida, Telma Aparecida de Souza Gracias*

*Pesquisa em ensino e sala de aula: diferentes vozes em uma investigação* não se trata apenas de uma obra sobre metodologia de pesquisa: neste livro, os autores abordam diversos aspectos da pesquisa em ensino e suas relações com a sala de aula. Motivados por uma pergunta provocadora, eles apontam que as pesquisas em ensino são instigadas pela vivência dos professores em suas salas de aulas, e esse "cotidiano" dispara inquietações acerca de sua atuação, de sua formação, entre outras. Ainda, os autores lançam mão da metáfora das "vozes" para indicar que o pesquisador, seja iniciante ou mesmo experiente, não está sozinho em uma pesquisa, ele "escuta" a literatura e os referenciais teóricos e os entrelaça com a metodologia e os dados produzidos.

## Pesquisa Qualitativa em Educação Matemática
**Organizadores:** *Marcelo de Carvalho Borba, Jussara de Loiola Araújo*

Os autores apresentam, neste livro, algumas das principais tendências no que tem sido denominado "Pesquisa Qualitativa em Educação

Matemática". Essa visão de pesquisa está baseada na ideia de que há sempre um aspecto subjetivo no conhecimento produzido. Não há, nessa visão, neutralidade no conhecimento que se constrói. Os quatro capítulos explicam quatro linhas de pesquisa em Educação Matemática, na vertente qualitativa, que são representativas do que de importante vem sendo feito no Brasil. São capítulos que revelam a originalidade de seus autores na criação de novas direções de pesquisa.

**Psicologia na Educação Matemática**
**Autor:** *Jorge Tarcísio da Rocha Falcão*
Neste livro, o autor apresenta ao leitor a Psicologia da Educação Matemática, embasando sua visão em duas partes. Na primeira, ele discute temas como psicologia do desenvolvimento e psicologia escolar e da aprendizagem, mostrando como um novo domínio emerge dentro dessas áreas mais tradicionais. Em segundo lugar, são apresentados resultados de pesquisa, fazendo a conexão com a prática daqueles que militam na sala de aula. O autor defende a especificidade deste novo domínio, na medida em que é relevante considerar o objeto da aprendizagem, e sugere que a leitura deste livro seja complementada por outros desta coleção, como *Didática da Matemática: sua influência francesa, Informática e Educação Matemática e Filosofia da Educação Matemática.*

**Relações de gênero, Educação Matemática e discurso – Enunciados sobre mulheres, homens e matemática**
**Autoras:** *Maria Celeste Reis Fernandes de Souza, Maria da Conceição F. R. Fonseca*
Neste livro, as autoras nos convidam a refletir sobre o modo como as relações de gênero permeiam as práticas educativas, em particular as que se constituem no âmbito da Educação Matemática. Destacando o caráter discursivo dessas relações, a obra entrelaça os conceitos de *gênero*, *discurso* e *numeramento* para discutir enunciados envolvendo mulheres, homens e Matemática. As autoras elegeram quatro enunciados que circulam recorrentemente em diversas práticas sociais: "Homem é melhor em Matemática (do que mulher)"; "Mulher cuida melhor... mas precisa ser cuidada"; "O que é escrito vale mais" e "Mulher também tem direitos". A análise que elas propõem aqui mostra como os discursos sobre relações de gênero e matemática repercutem e produzem desigualdades, impregnando um amplo espectro de experiências que abrange aspectos afetivos e laborais da vida doméstica, relações de trabalho e modos de produção, produtos e estratégias da mídia, instâncias e preceitos legais e o cotidiano escolar.

## Tendências internacionais em formação de professores de Matemática
**Organizador:** *Marcelo de Carvalho Borba*

Neste livro, alguns dos mais importantes pesquisadores em Educação Matemática, que trabalham em países como África do Sul, Estados Unidos, Israel, Dinamarca e diversas Ilhas do Pacífico, nos trazem resultados dos trabalhos desenvolvidos. Esses resultados e os dilemas apresentados por esses autores de renome internacional são complementados pelos comentários que Marcelo C. Borba faz na apresentação, buscando relacionar as experiências deles com aquelas vividas por nós no Brasil. Borba aproveita também para propor alguns problemas em aberto, que não foram tratados por eles, além de destacar um exemplo de investigação sobre a formação de professores de Matemática que foi desenvolvida no Brasil.

Este livro foi composto com tipografia Minion Pro e
impresso em papel Off-White 70 g/m² na gráfica Gráfica Rede.